一縫就成的拼布小物 3

徐韡祯　著

河南科学技术出版社
·郑州·

目录

Lesson 1　学会拼缝就可完成

Lesson 2　学会滚边及上拉链

Lesson 3　学会贴布图案变丰富

Lesson 4 可爱造型包

NO.13

黑皮狗卡套P.51

NO.14

猫头鹰马卡龙吊饰P.55

NO.15

凯西猫贝壳包P.59

NO.16

吉米兔钥匙包P.64

NO.17

咪咪鼠零钱包P.66

Lesson 5 方便实用小物袋

NO.18

熊猫小提包P.69

NO.19

猫头鹰保护套P.72

NO.20

大黄猫提袋P.75

注：本书图中标注尺寸的数字，如无特别说明，单位皆为厘米（cm）。

★ 附实物纸型

工具和材料

您要准备的工具如下： 可以尽量使用手边有的工具，也可依下面说明做选择。

★ 布剪：

专门剪布用，不能拿来裁剪布、纱以外的其他东西，否则布剪会耗损，很快就不锋利了。有些剪刀标“有防布逃”（意指在刀面上加上小锯齿，可防止布滑），用来裁剪小布块很方便。

★ 尺子：

尺身较厚，尺身有0.5cm、0.7cm、1cm的记号线，方便在画缝份时固定宽度。

★ 手缝针：

最好用细针，这样不会破坏布料。

★ 珠针：

选择细珠针，为了方便暂时固定布块时使用。

★ 手缝线：

缝合布块使用，选择韧性好、不易断的缝线。

★ 记号笔：

可选用自动铅笔加4B笔芯，在布的背面做记号。

★ 消失笔：

使用特殊墨水，有一种是画在布上后再用水洗就可以消除字迹的水消笔，也有一种是画了一段时间即可消失痕迹的气消笔。在布的正面放心做记号，无须担心留下污点，是很方便的工具。

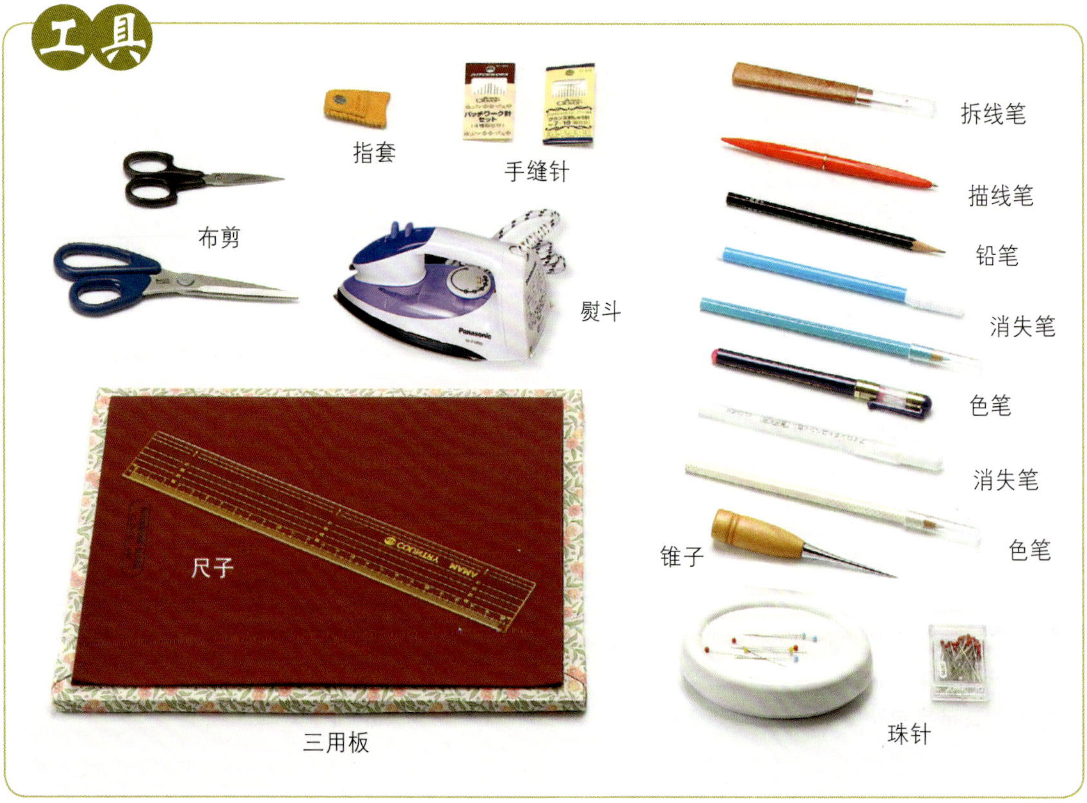

材料

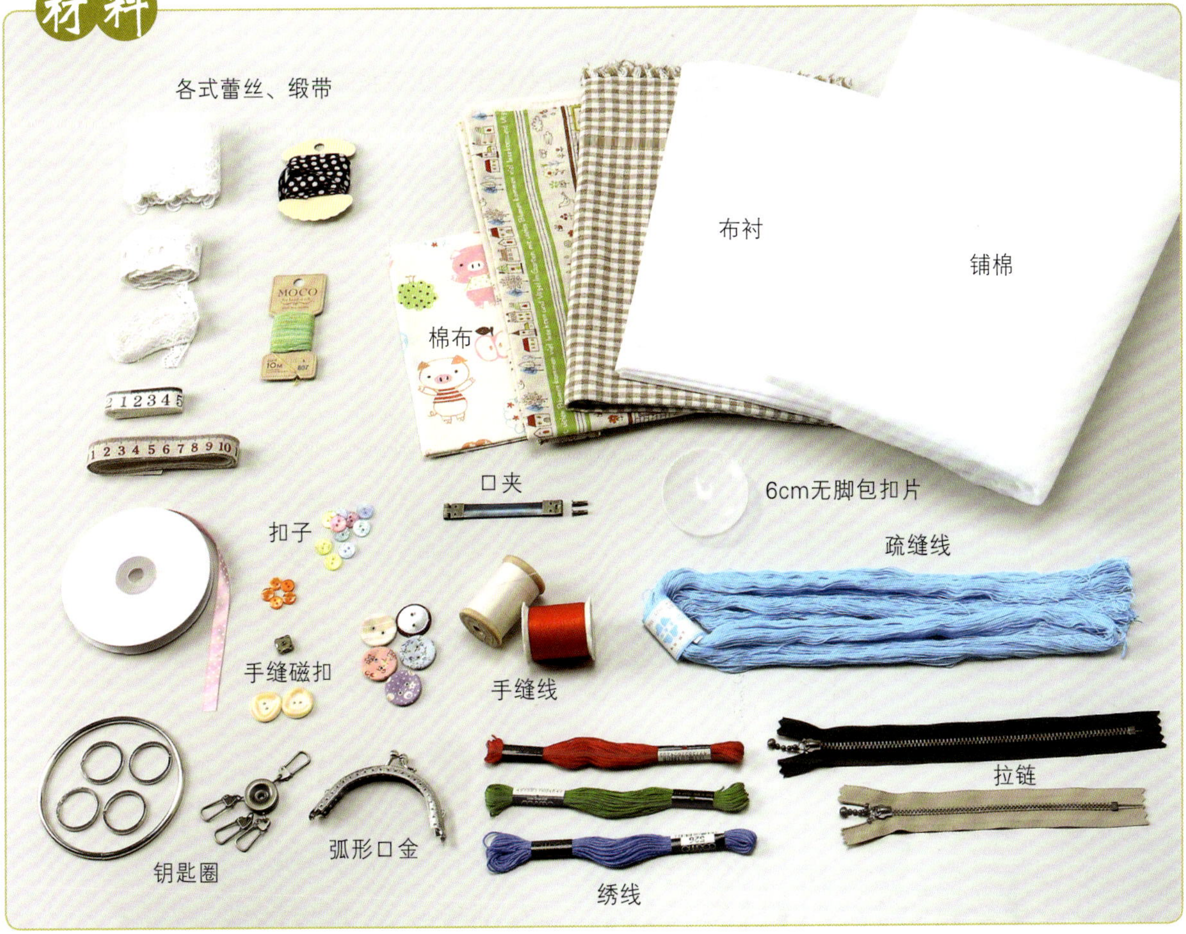

★拼布常用语

☆**表布表：** 完成品表面布的正面。

☆**表布里：** 完成品表面布的反面。

☆**里布表：** 完成品衬里布的正面。

☆**里布里：** 完成品衬里布的反面。

☆**返口：** 两片布缝合后，要翻回正面所留的开口。

☆**合印：** 布与布拼接时，在合对位置所做的记号。

☆**缝份：** 布块完成尺寸之外，为缝合所留的多余布宽，若未特别说明皆为0.7cm。

☆**牙口：** 两片布缝合后，在缝份处剪开的小口，可使翻回正面时弧度会比较漂亮、不紧绷。

☆**落针压线：** 沿着布块拼缝处或贴布图案的轮廓边所做的三层压线，使图案更有立体感。

☆**铺棉：** 表布与里布中间的棉衬。

☆**疏缝：** 用线暂时固定的缝合，也叫假缝，完成作品后拆除。

☆**三层压线：** 在表布和里布的中间放入铺棉，三层用疏缝或布用喷胶固定，运用针线三层缝合固定（缝合时固定即可，不可拉扯过紧），可因缝合造成立体效果。

☆**缝份倒向：** 布块拼接后，缝份倒向一侧，方便熨平。

☆**毛边：** 布块裁剪后未处理的布边毛端。

☆**拼缝：** 布块与布块拼接时的缝合（其实就是平针缝），只是在起针及收针时都要加缝一针回针缝固定缝线，在布块交叉重叠处，也要加缝一针回针缝固定用。

打结方式

（一）起针时

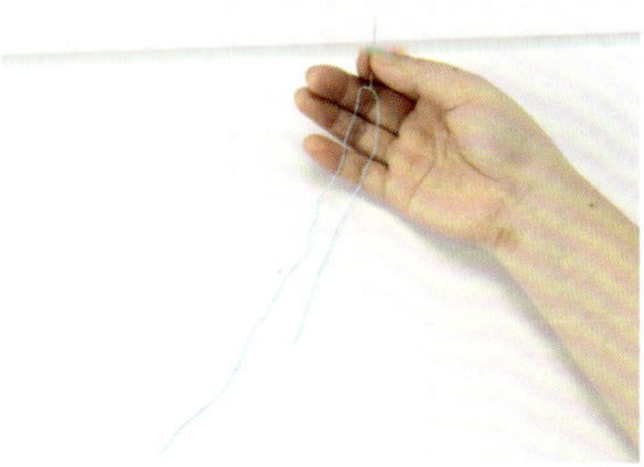

1. 取一根适当长度的线并穿好针。

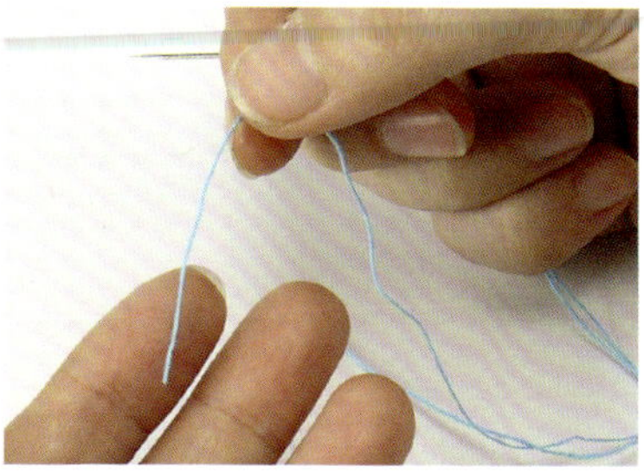

2. 将单线线尾放在食指上。

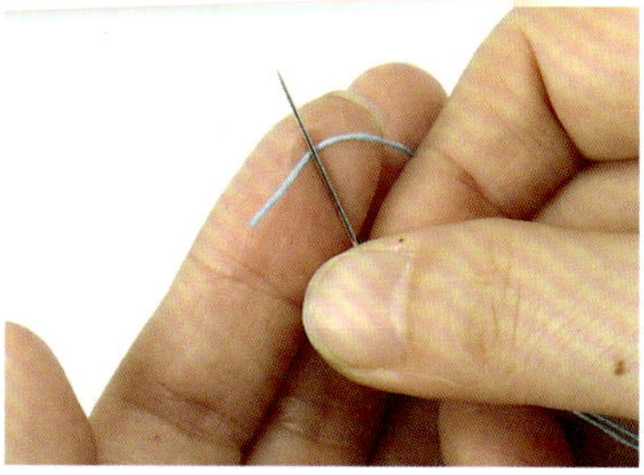

3. 用针轻压住线尾。

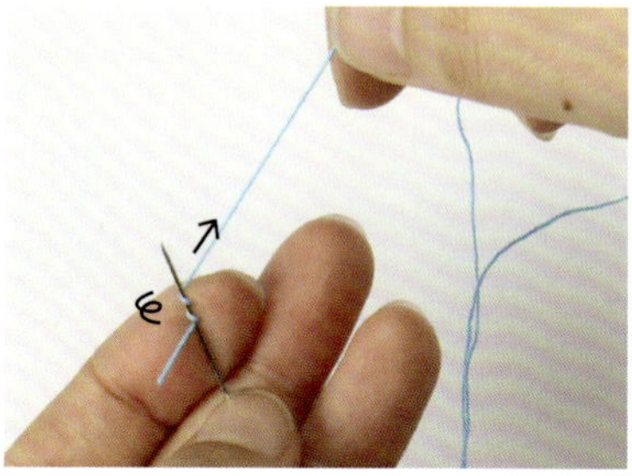

4. 拉起尾端线绕针两圈。

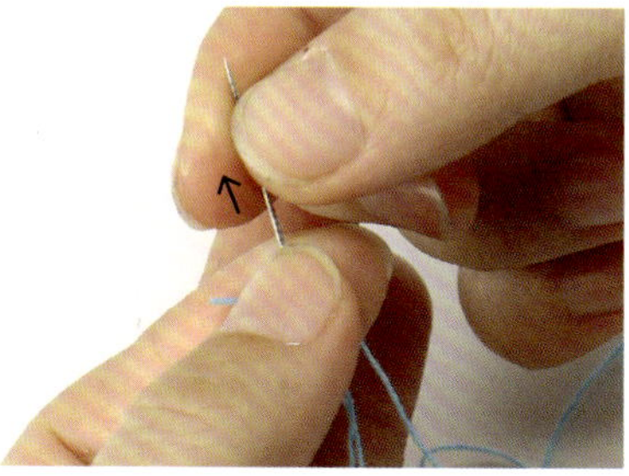

5. 轻捏住线圈。

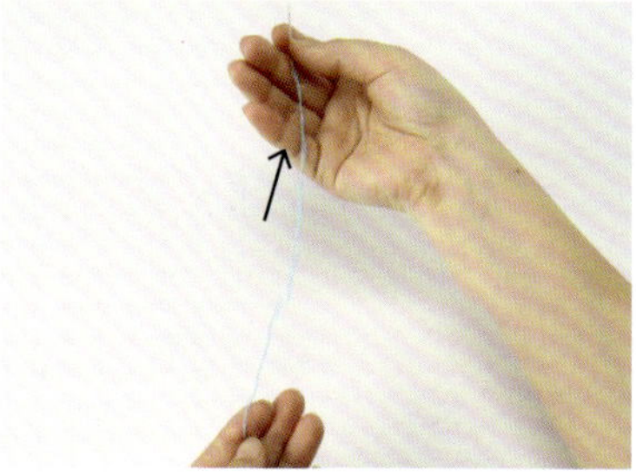

6. 另一手往上抽出针，拉紧线。

（二）收针时

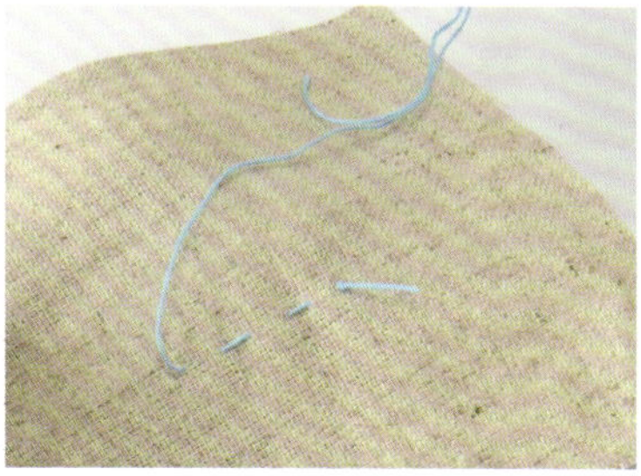

1. 在布上缝完最后一针。

2. 把针放在出针处。

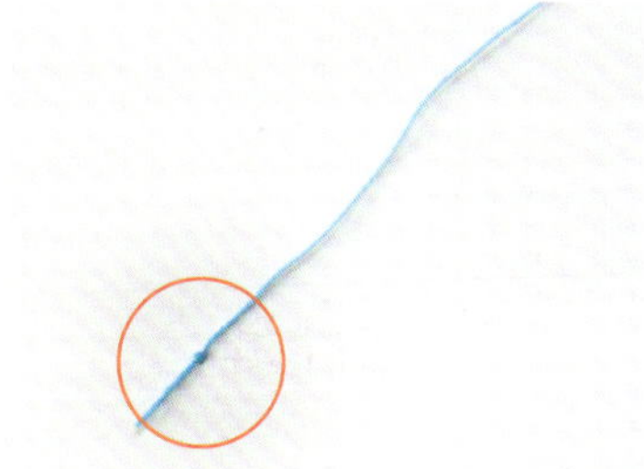

7. 完成单线的打结。

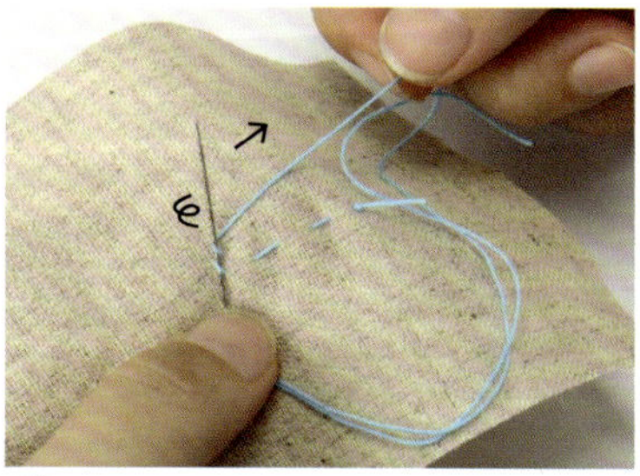

3. 将尾端线绕针两圈。

4. 以拇指轻压线圈（捏住出针位置）。

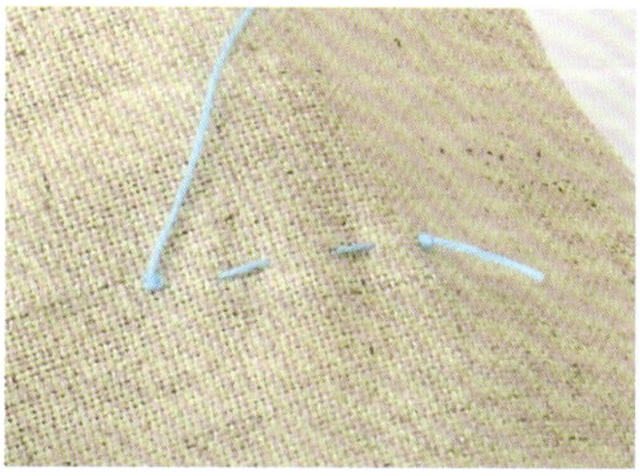

5. 另一手抽出针拉线，即完成收针的打结。

基本针法

☆ 平针缝：

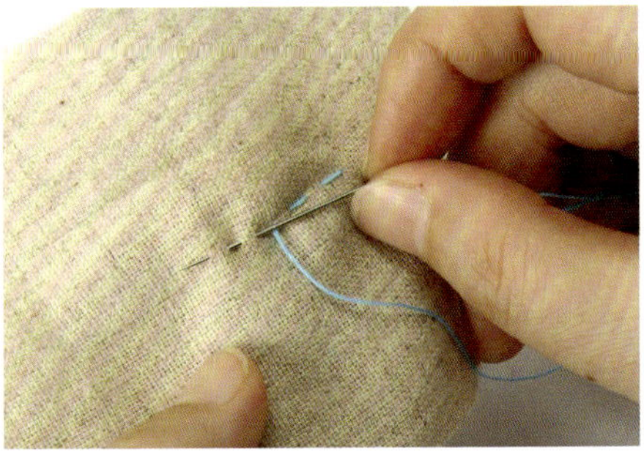

■ 最常用的针法，拼缝布块使用。针一上一下平顺地缝，针距0.2～0.3cm。

☆ 回针缝：

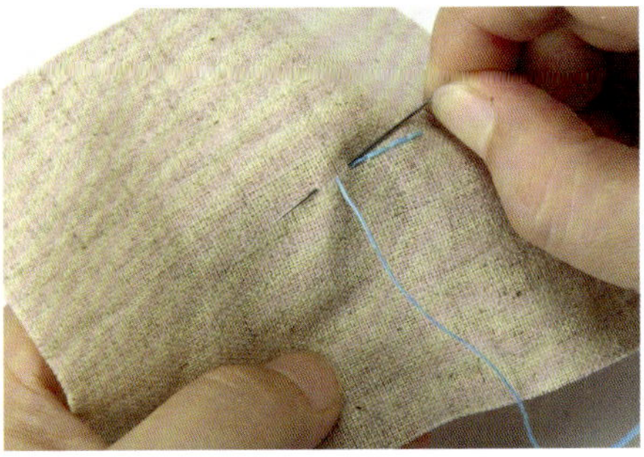

■ 能够将两块布很牢靠地接合。在布上一直重复缝回上一个出针处，缝完看起来像是没有断的缝线。

☆ 藏针缝：

■ 在两块布对应的位置各缝合一针，线拉紧时两块布密合，看不到缝线，常用在缝合返口。

☆ 卷针缝：

■ 两片布重叠，针一直朝同一方向卷缝，就像在布边卷了一道缝线。

☆ 贴布缝：

■ 将贴布布块缝在表布上收起毛边的缝法。在出针时吃到被贴的布块边缘一点点，再从出针相对表布位置入针，针迹看起来是一个小点，常用来固定拉链布边。

斜布条（滚边布）做法

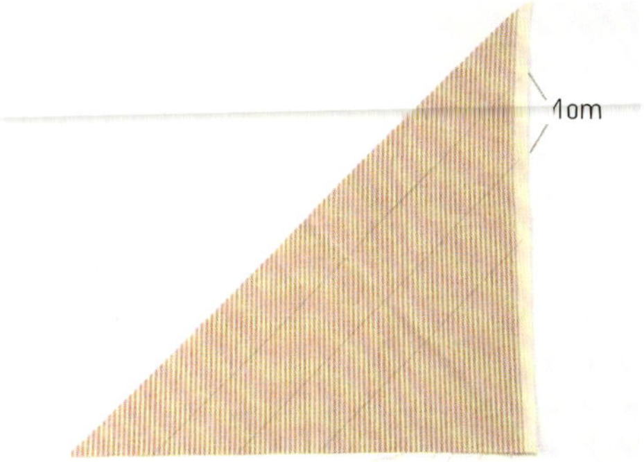

1. 取一块布以45° 角裁出等腰直角三角形，再裁出宽4cm的斜布条（根据作品厚度决定斜布条宽度）。

2. 斜布条不够长时要接缝斜布条，如图找出斜边相对的斜布条。

3. 正面对正面，对好斜边宽度往内0.7cm缝合。

4. 将缝份左右摊开。

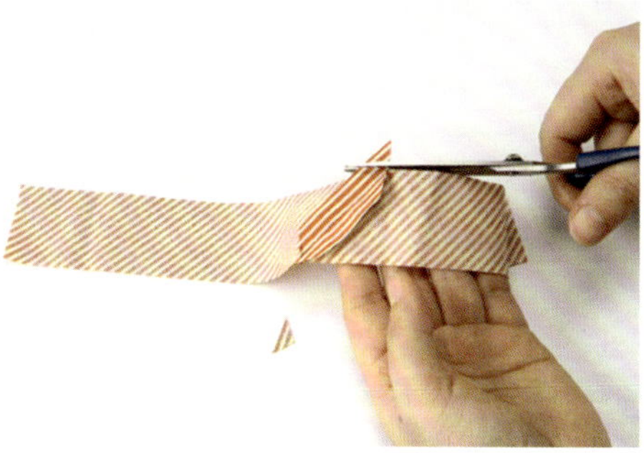

5. 把多出的缝份修掉。依此方式接缝出所需长度的斜布条。

6. 在斜布条的一边先画出0.7cm缝份（整条），备用。

★ 如何使用本书纸型?

若无特别注明，本书附纸型皆为作品完成线（不含缝份），即读者必须依该纸型位置另加缝份后再裁布，拼接布块也是一样（每片皆要预留缝份）。另外，各款作品所列材料清单内，布块尺寸比实际所需会多一些，主要是预留空间，以免实际操作时不小心裁错、裁坏。

安装拉链

How To Do

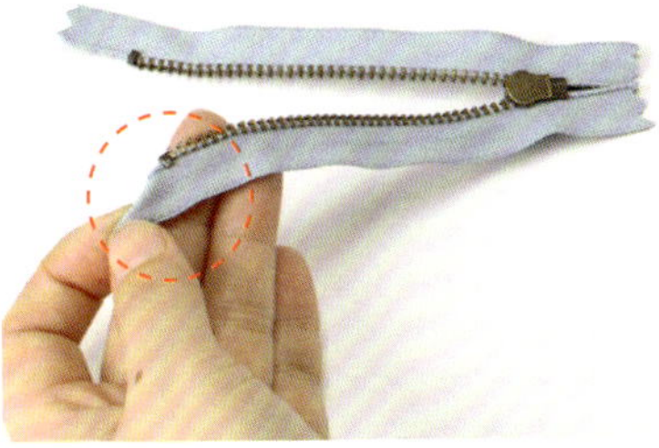

1. 把拉链头先往下折出三角形。

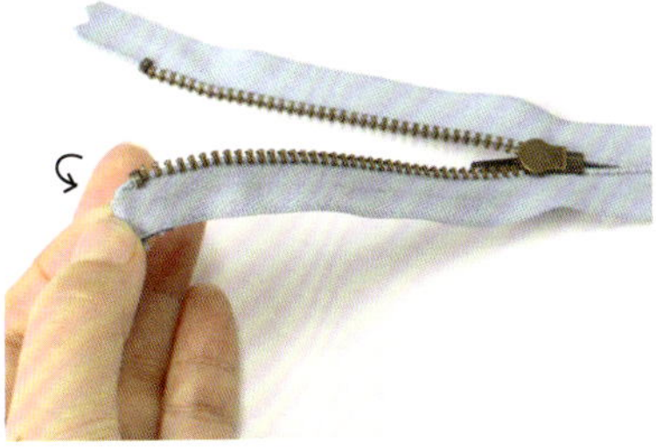

2. 再整个折入，如此收好拉链边。

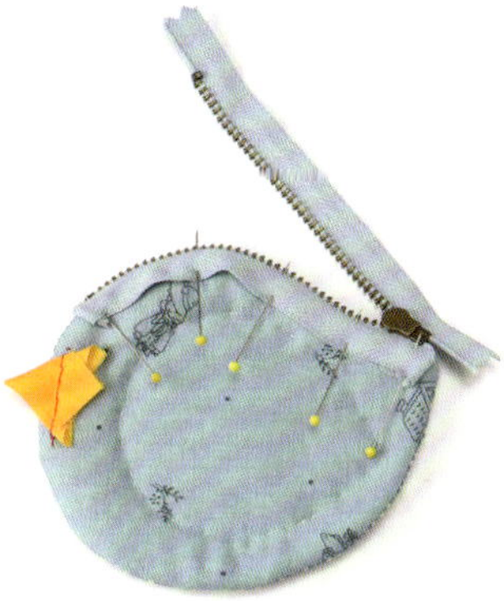

3. 把拉链从距离起点（鸟尾）约0.5cm处，用珠针固定好。

4. 拉链头用卷针缝固定，缝线不能缝到表布。

5. 以回针缝来缝拉链布靠近拉链齿的记号线。

6. 用贴布缝把拉链边固定。

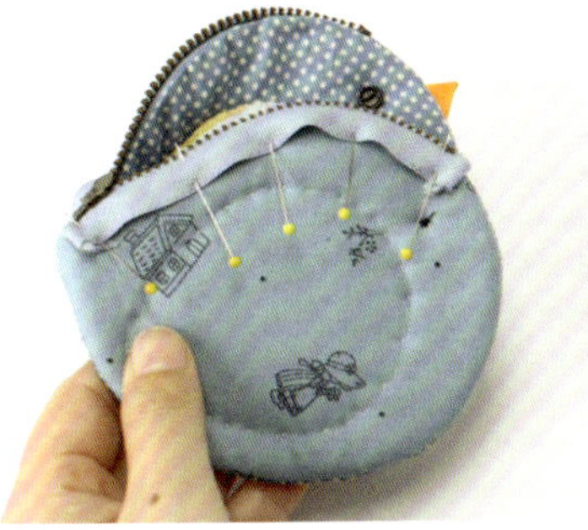

7. 袋身合对位置，把另一边的拉链对好位置后以珠针固定。

8. 将另一边拉链也用同样的方法缝好。

Lesson 1

学会拼缝就可完成

NO.1

缤纷口夹小包P.11

NO.2 花漾口金包P.15

NO.3 谜样束口提袋P.18

NO.4 粽子零钱包P.20

★作品尺寸供读者参考，数字单位皆为厘米（cm）。

NO. 1

缤纷口夹小包

从最简单的布块拼缝做起，
五彩缤纷的花布就是我的心情。
零钱、小玩意儿，
都装进我的口夹小包里……

材料
表布配色布(共6款)30cm×30cm各1片
里布20cm×30cm1片
布衬20cm×30cm1片
10cm口夹1组
蕾丝约30cm

缤纷口夹小包

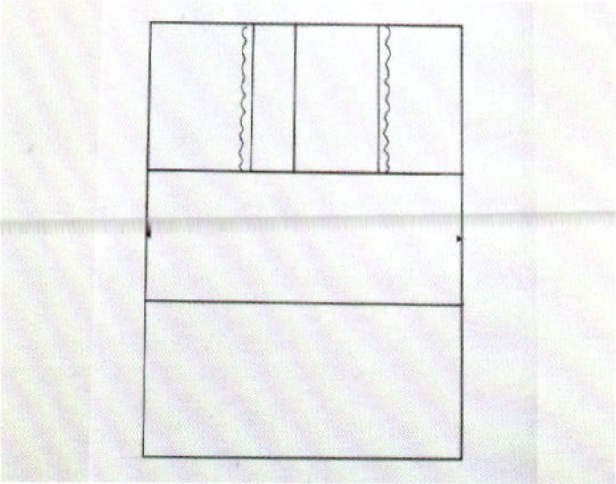

1. 准备纸型。

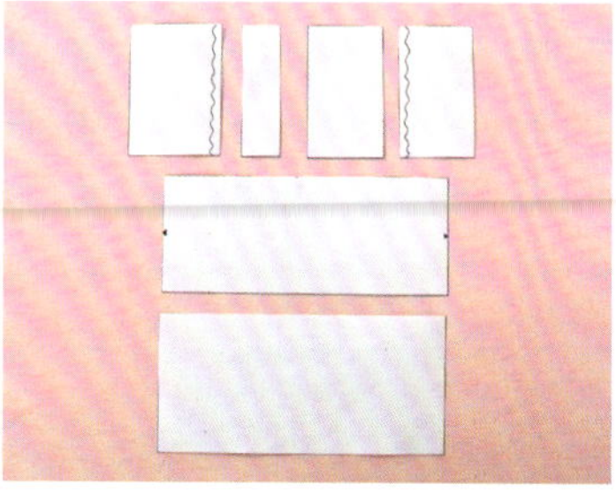

2. 将纸型拼接线裁开，如图分解各部分。

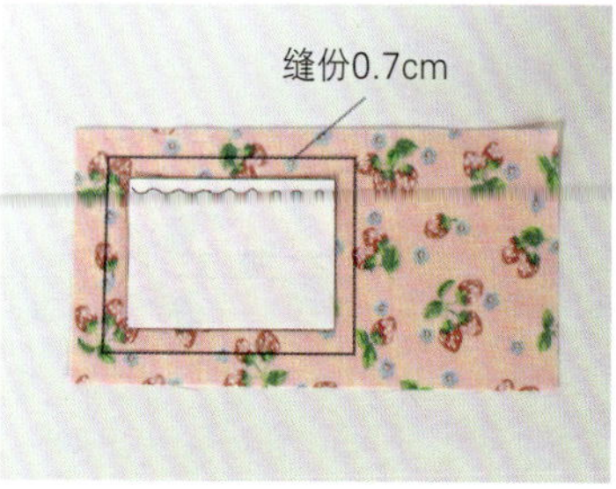

3. 每片纸型外加0.7cm缝份，画在配色布里。

4. 将布块(含缝份)剪下。

5. 依同方法将所有布块(含缝份)剪下。

6. 将布块正面相对，拼接边先用珠针固定。

7. 依P.7基本针法，将布块拼接。

8. 将表布上的布块，一一拼接成一大片如图(正面)，再以熨斗烫平。
▲注意反面的缝份倒向。

9. 于拼接处正面缝上装饰蕾丝。

10. 上、下布块拼接成一块表布。
▲反面的缝份倒向。

How To Do

11. 裁一片同样大小的布衬，烫贴上去。

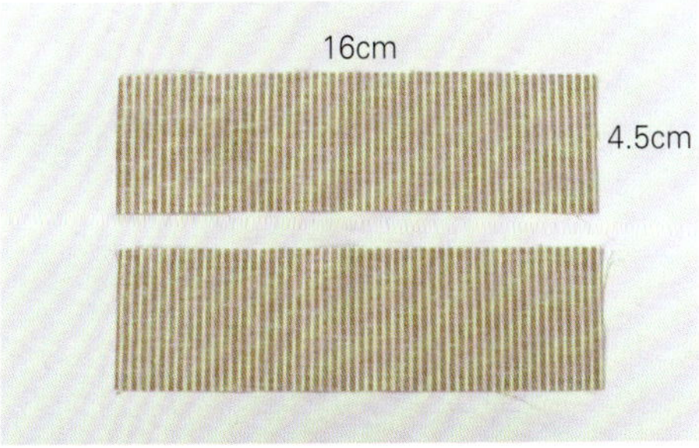

12. 裁4.5cm×16cm两片布，作为口布。

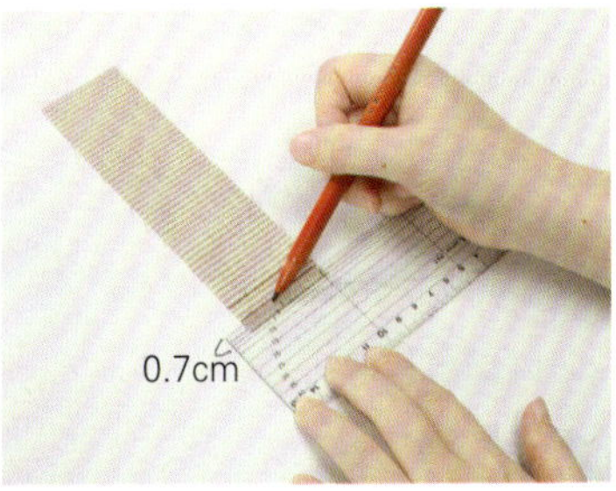

13. 于4.5cm的两端，画两条0.7cm记号线。

14. 依记号线往内折入并烫平，两端相同。

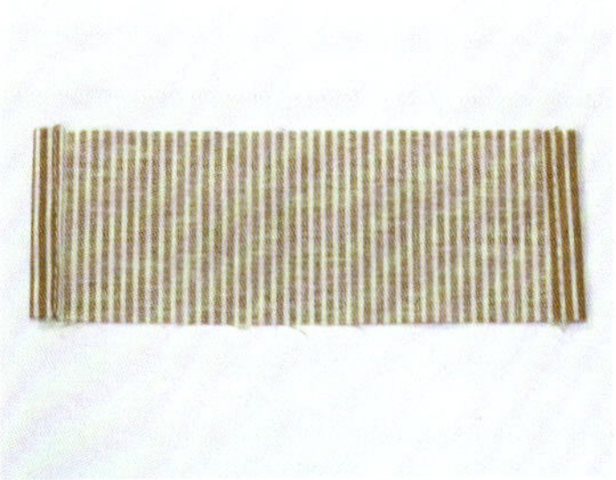

15. 把毛边收起后，缝合固定。

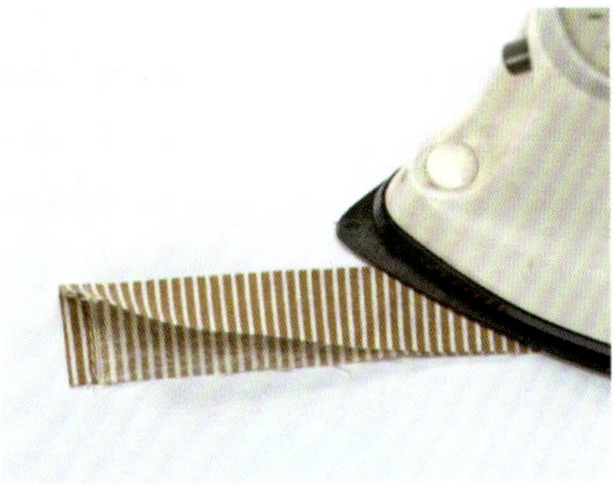

16. 再将上、下两端对折烫好，完成口布，两片同样做法。

17. 完成的两片口布，毛边向外，与袋口毛边居中对齐，疏缝固定。

18. 裁与表布同尺寸的里布，与表布正面相对。

19. 缝合上、下袋口（缝份0.7cm）。※教学图片为了看得比较清楚，使用红色线操作，实际缝合时请使用白色线。

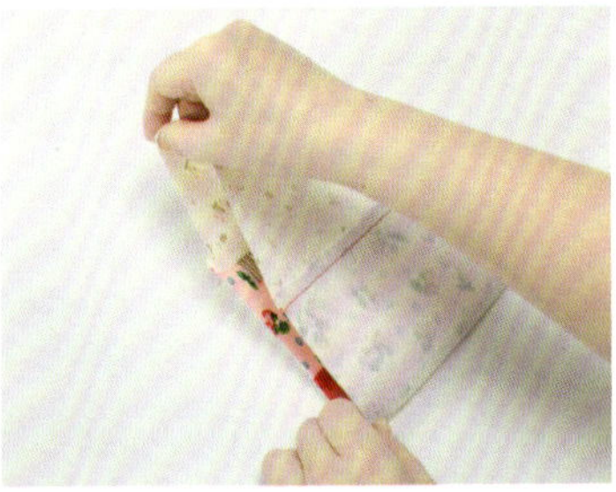

20. 缝合后表布和里布接成环状，如图所示，将拼接处对齐，折好。

21. 缝合两侧袋身，留约8cm不缝，作为返口。

22. 由返口将袋身翻回正面。

23. 翻回正面后，整烫。

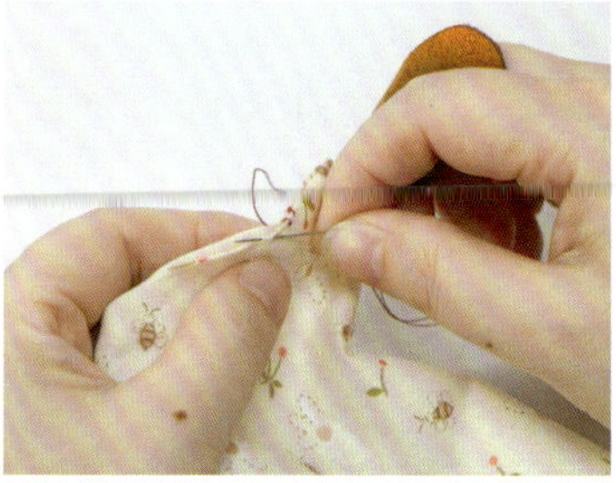

24. 以藏针缝缝合返口。

25. 将里袋套入表袋。

26. 整烫好袋身。

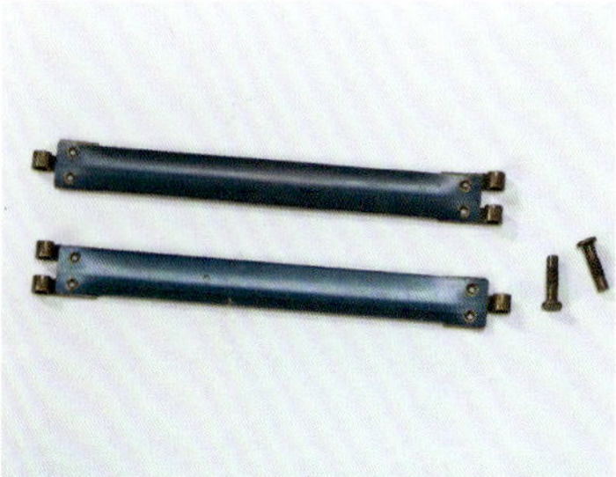

27. 备好10cm口夹1组。

28. 将口夹穿入口布，口夹的左片和右片要合对好。

29. 两边都塞入平钉，固定口夹。

30. 使用时只要用力压口夹两端，就可以打开。

▲ 背面

31. 完成缤纷口夹小包。

NO. 2

花漾口金包

仿佛穿上美丽的洋装，
打褶的裙摆藏了好多的秘密。
没错，我就是要百分百的女性化。

材料
表布配色布(共2款)30cm×30cm 各1片
里布20cm×40cm1片
单胶棉20cm×40cm1片
10cm方形口金1个

花漾口金包

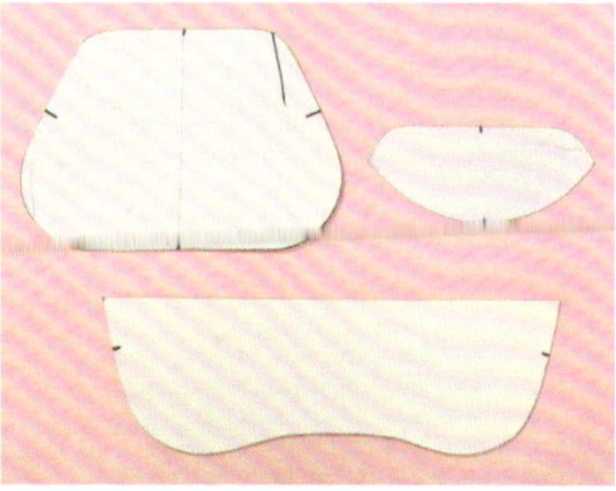

1. 先将纸型裁好。

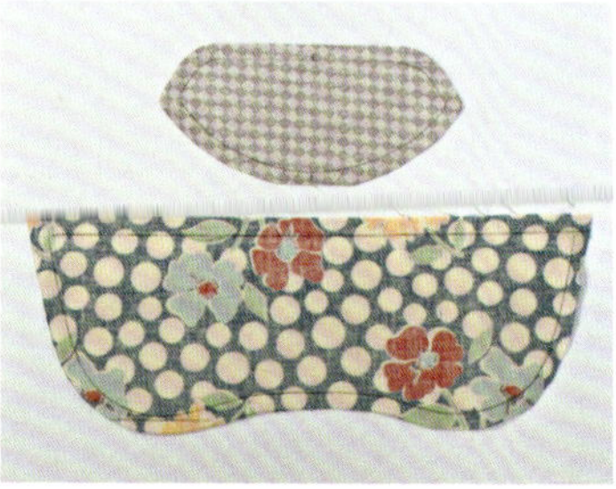

2. 依纸型将表布(含缝份)裁下，上、下表布各裁2片。

3. 里布（含缝份）裁2片，单胶棉（不含缝份）裁2片。

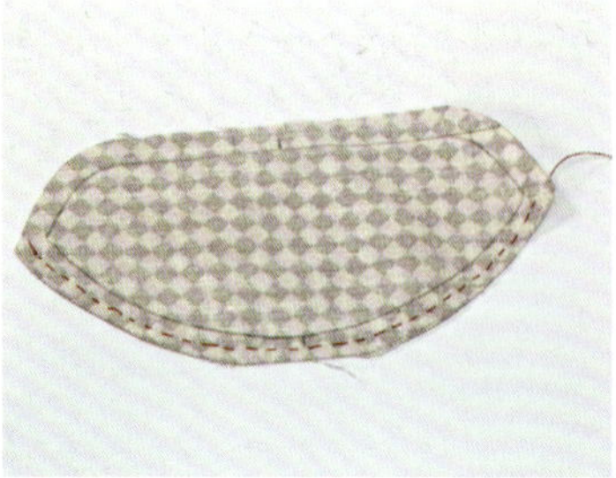

4. 上表布的下缘缝份处疏缝。

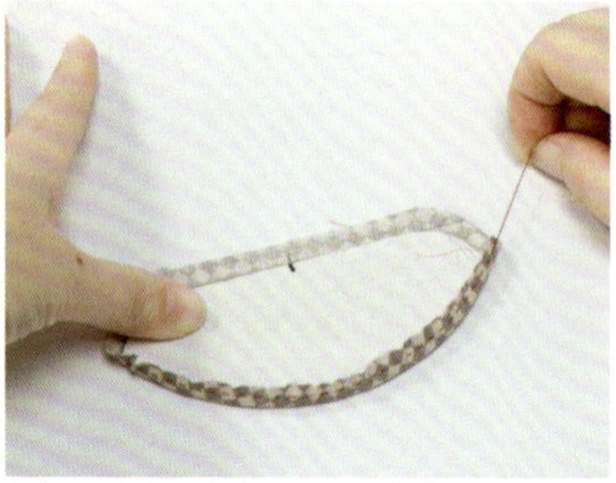

5. 放入上表布硬纸板纸型后，拉紧疏缝线将缝份收入，以熨斗烫平。

6. 再取出纸型。

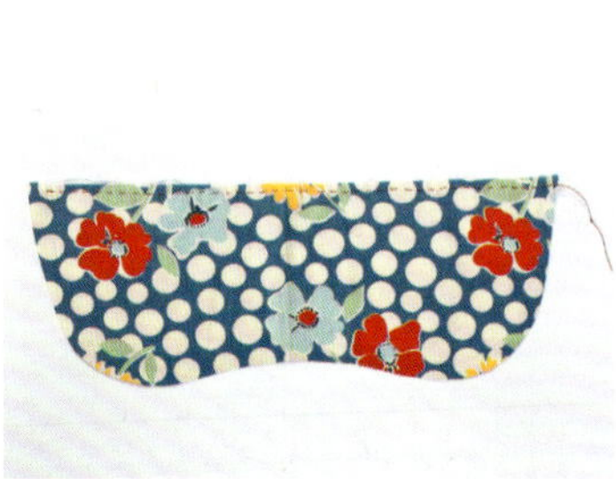

7. 下表布的上缘缝份处疏缝。

8. 将上、下表布的头、尾、中心三个点对齐，以珠针固定。

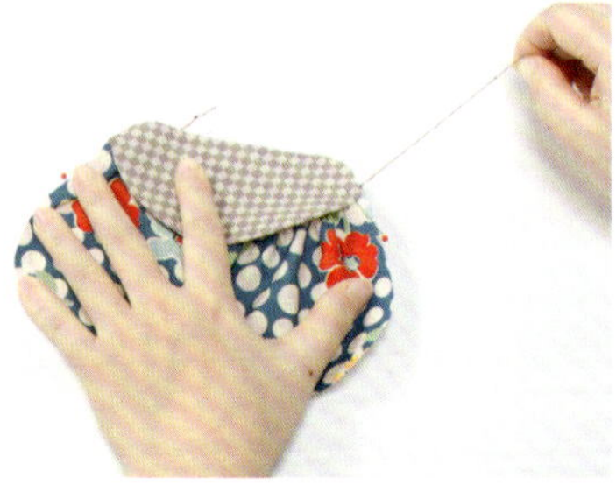

9. 将下表布疏缝线拉紧，使上、下表布的拼缝处长度一致。

10. 再将上表布的下缘贴缝固定在下表布。

11. 缝合成一片表布。

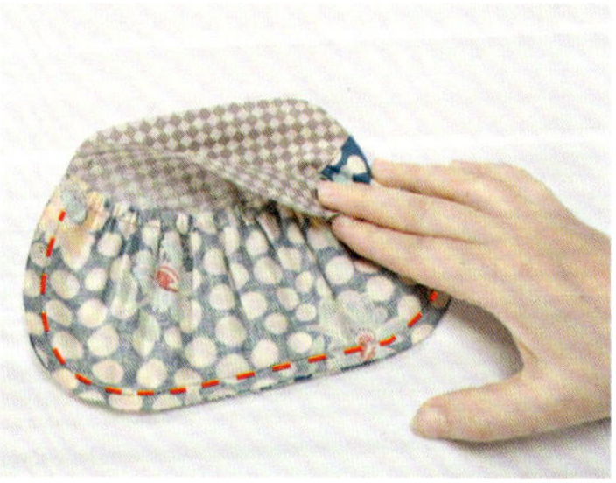

12. 后片的表布用同样方法完成。两片表布正面相对，缝合完成线。转弯处缝份剪牙口，翻回正面，做好表袋。

How To Do

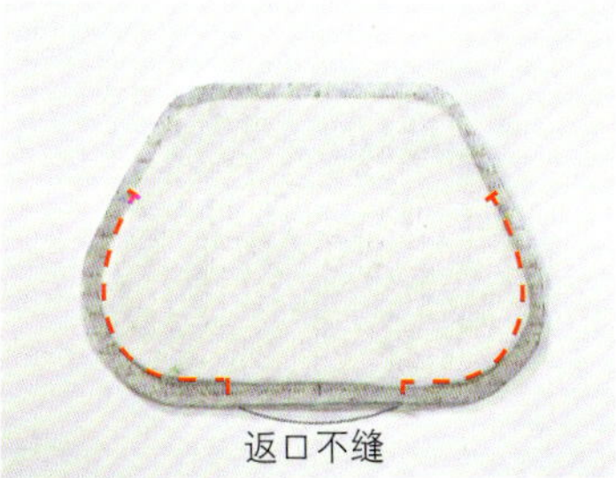

13. 里布烫上单胶棉后，两片正面相对，缝合记号线。下方要留返口不缝。做好里袋。

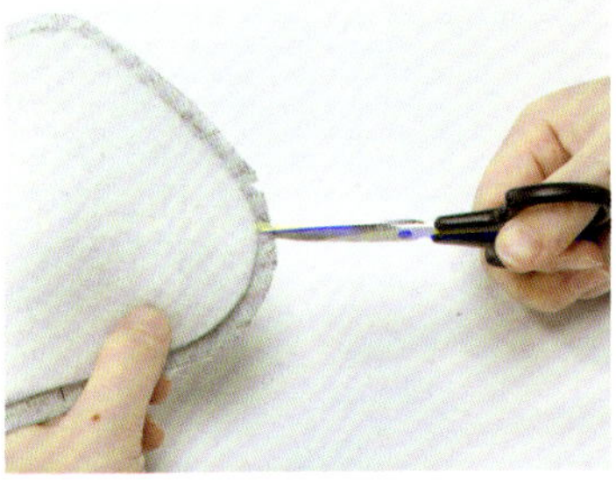

14. 转弯曲线处缝份剪牙口。

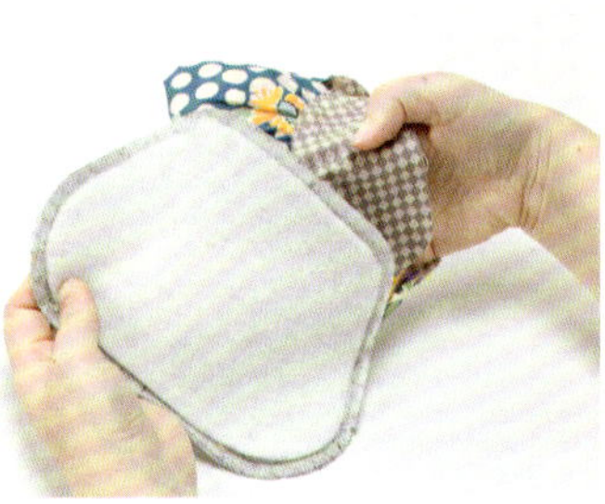

15. 将表袋套入里袋。

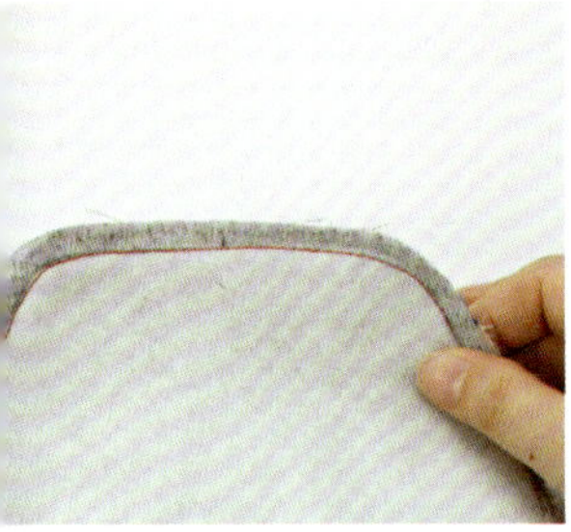

16. 表、里袋合对，缝合袋口。

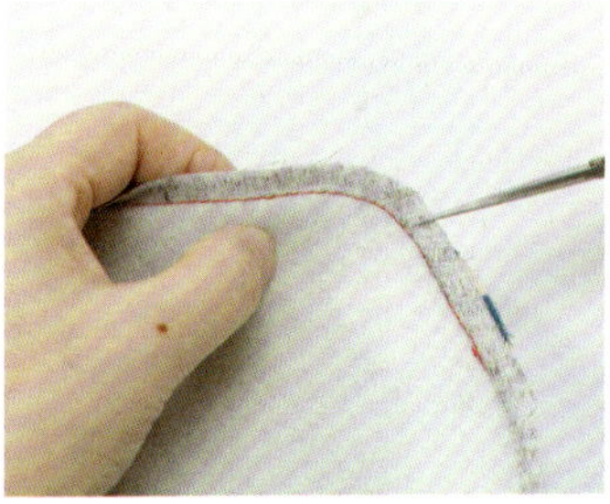

17. 转弯处缝份剪牙口。

18. 由返口翻回正面。

19. 翻好后如图，把曲线处推出，整理好。

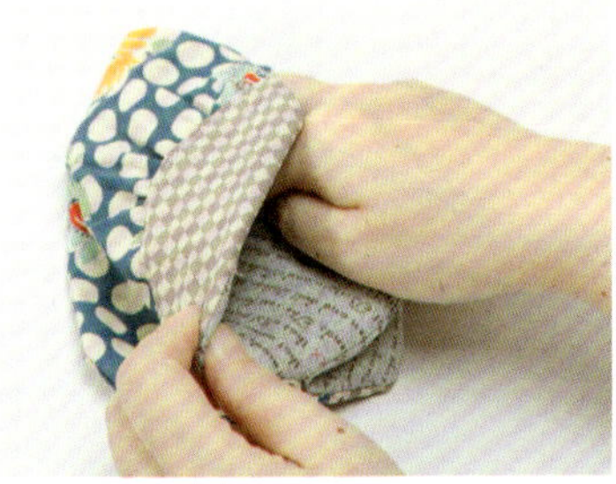

20. 缝合返口后，再将里袋套入表袋。

21. 于袋口压缝一道。

22. 取一个10cm方形口金，准备安装。

23. 合对袋口位置。

24. 缝合口金(由中央分别往左、右回针缝缝合)。

25. 花漾口金包完成。

NO. 3
谜样束口提袋

四面围城，四方风景，
打开是宽广的天空，
合上束紧，是我安全的家。

材料
表布配色布(共2款)30cm×30cm 各1片
里布30cm×60cm1片
单胶棉30cm×60cm1片
口布用布10cm×40cm1片
1cm宽织带长100cm

迷样束口提袋

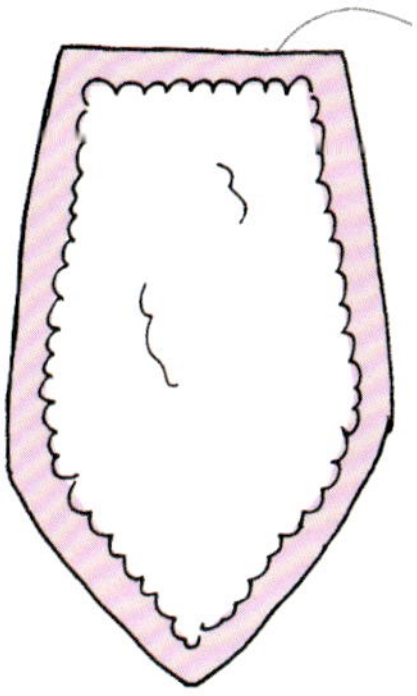

1. 先裁布块：表布2款依纸型各裁2片，里布裁4片。表布反面需烫上不含缝份的单胶棉，里布不用烫。

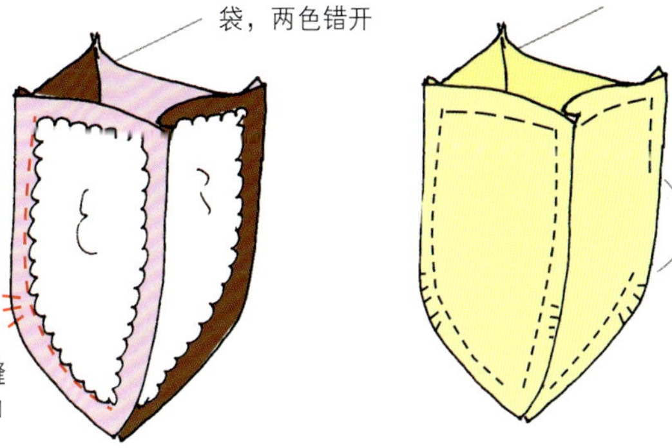

2. 合对表布的边缝合，两色请错开拼接。里布同法拼接，须在里布一边留下返口不缝，转弯处的缝份剪牙口。

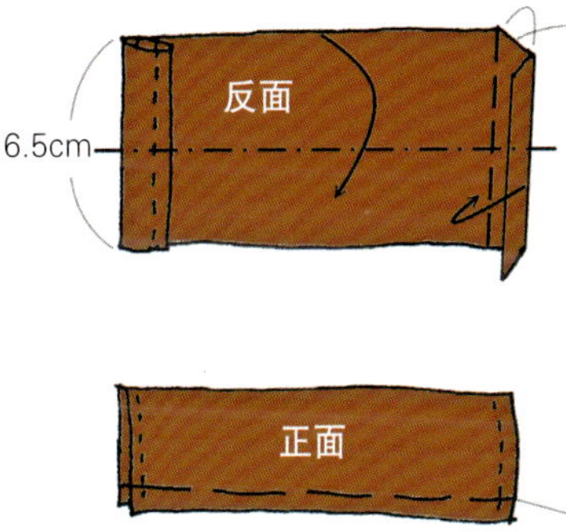

3. 裁口布用布6.5cm×18cm共2片，左右往内折入两次0.7cm，收入毛边后缝合固定，再对折疏缝固定。

4. 表袋拼接好后翻回正面，表袋口固定口布后，套入里袋。

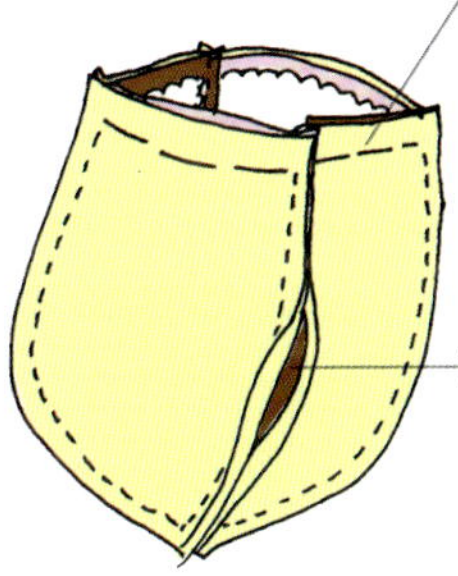

5. 表、里袋合对，袋口缝合一整圈，再由返口翻回正面。

6. 将返口缝合，里袋套回表袋里。将织带裁40cm两条，分别穿入口布，再头尾缝合固定。左右两端拉紧织带就可束口，并可当成袋子的提手。

▲ 另一面

▲ 底部

▶ 束紧时

Lovely

NO. 4

粽子零钱包

打破陈旧的思维，
颠覆传统的包形：
平面变立体，扁包变粽子。

材料

表布配色布(共2款)30cm×30cm各1片
里布30cm×30cm1片
单胶棉30cm×30cm1片
蕾丝30cm1条、10cm拉链1条

粽子零钱包

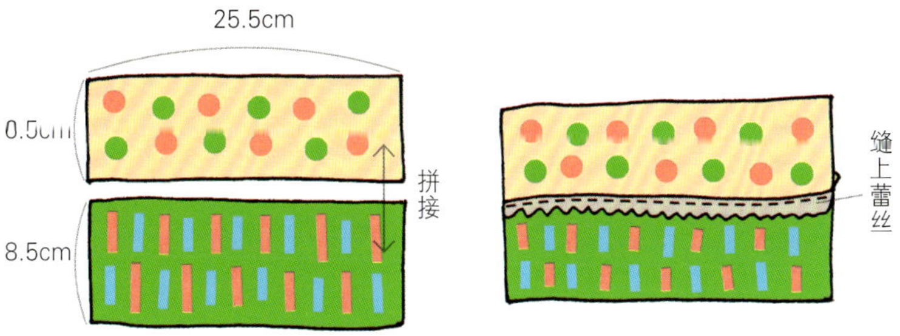

1. 裁上、下表布各1片(6.5cm×25.5cm及8.5cm×25.5cm)，拼接成一片表布。拼接处缝上蕾丝，布里烫上同样大小的单胶棉。

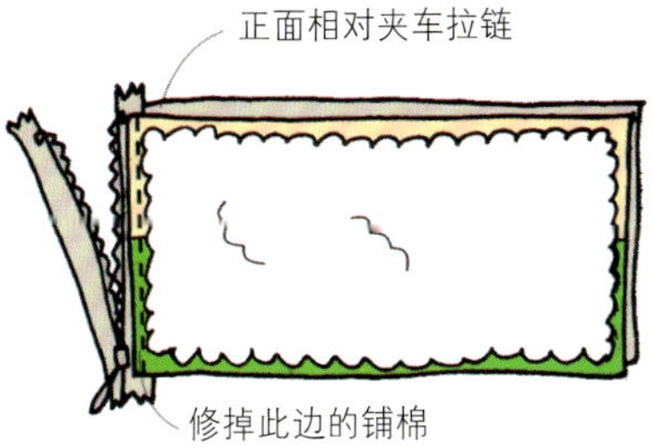

2. 裁同表布大小的里布一片，表、里布正面相对夹车拉链。修掉缝份的单胶棉后，翻回正面。

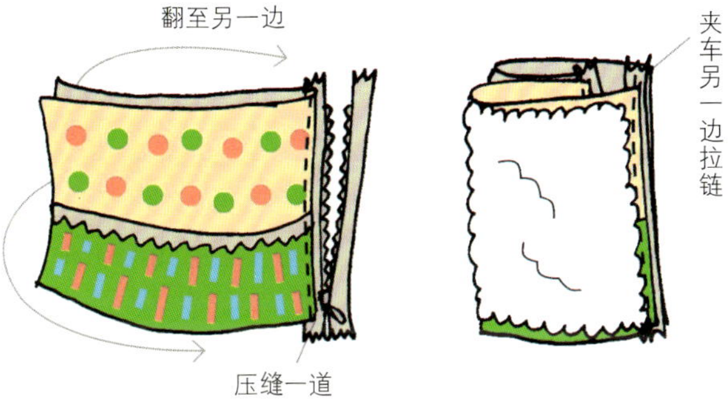

3. 拉链边压缝一道，再将表、里布拉至另一边拉链，一样正面相对，夹车另一边拉链后，翻回正面，压缝一道。

4. 表布裁4cm×25cm1片，左右毛边折入压缝固定。长边对折，固定在表袋上。

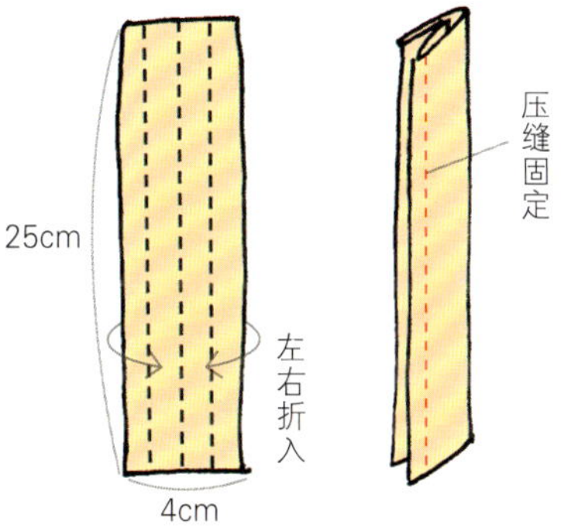

5. 将拉链拉开，翻到袋里。如图合对成粽子状，两侧毛边缝合后包缝滚边，再由拉链口翻回正面。

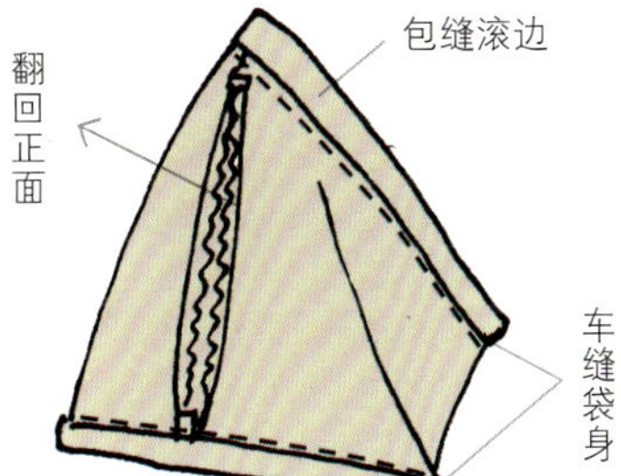

Lesson 2

学会滚边及上拉链

NO. 5
水中花褶包P.23

NO. 6
草莓包扣笔袋P.28

NO. 7 花舞贝壳形小包P.30

典雅钱夹P.33 NO. 8

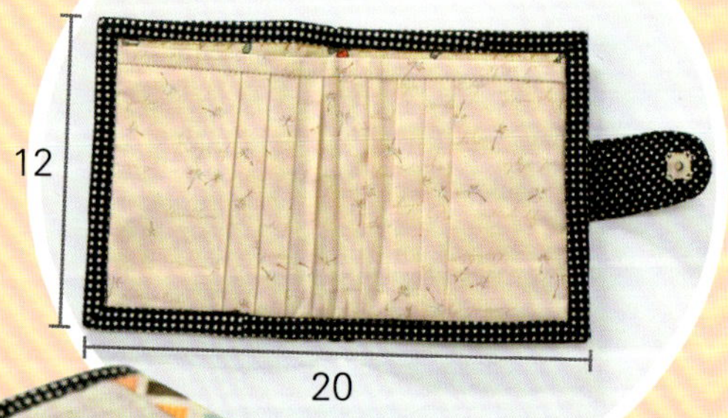

★作品尺寸供读者参考，数字单位皆为厘米（cm）。

NO. 5

水中花褶包

一体成形的设计，
再巧妙地打个褶，
马上就凹凸有致，
当个手拿小包正好。

材料

表布配色布(共2款)30cm×30cm各1片
里布20cm×40cm1片
铺棉20cm×40cm1片
蕾丝60cm1条
滚边用布30cm×50cm
10mm手缝磁扣1组

水中花褶包

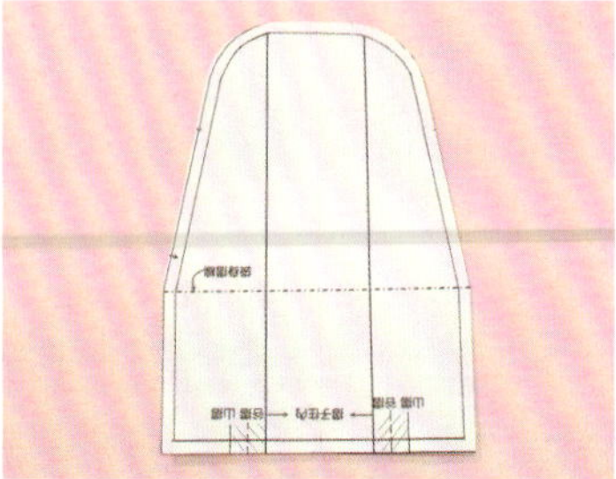

1. 先将纸型裁下。

2. 裁表布26cm×7.5cm共3片(花布2片、中间条纹布1片)。

3. 拼缝成一块表布。

4. 缝份倒向中间，拼接处缝上蕾丝，完成表布。

5. 表布、铺棉、里布三层叠放如图，可以疏缝将三层固定。

6. 依纸型先在布上描好外围线，作品上的压线也做好记号。

7. 压线起针，单线打结，从1cm远的位置入针。

8. 将结拉入铺棉里。

9. 第一针要先在表布上回1针。

10. 再来回1针，要三层都缝到。

11. 再用平针缝开始往前缝合，注意三层都要缝到。布尽量保持平整，而且线不能拉得太紧。

How To Do

12. 结束时也要先回1针。

13. 在离出针1cm处打结。

14. 再由出针处入针，离2cm处出针。将结拉入后，再剪断线。

15. 如此完成压线，正面完全看不到线结。

16. 看看背面也有明显的压线痕迹。

17. 完成所有压线。因压线后有时作品会缩小一些。此时可以再合对一次纸型，重新画上完成线。疏缝固定完成线。

18. 依完成线整个剪下。

19. 袋口平边依纸型标上2cm打褶的记号线。

20. 往中间打褶后，疏缝固定。

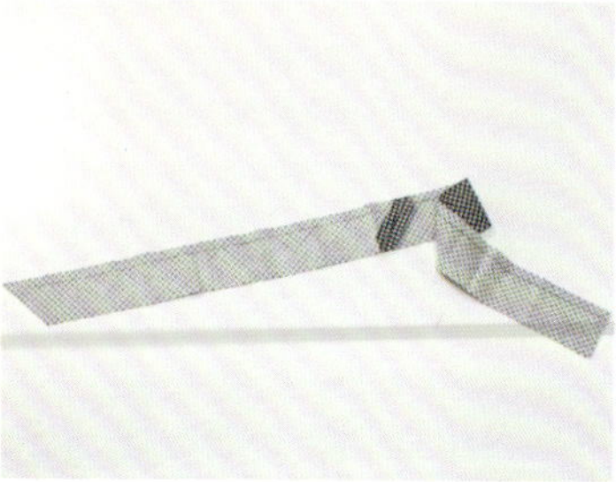

21. 另准备滚边用斜布条约100cm。

22. 斜布条画记号线的一边对着袋口，起头要先反折一小段，缝到快到直角(约2cm处)先暂停。

23. 将斜布条往上折，使斜布条边与袋身呈直线。

24. 再将斜布条折下，对齐袋身的边。

25. 如此会立起斜布条，捏出转角布。再以珠针固定斜布条，顺着0.7cm的缝合线缝到转角处，针直接穿过立起的斜布条至另一边。

26. 缝1针回针固定，再继续依边往下缝滚边。

27. 圆弧边的滚边要顺着袋身的边缘，所以斜布条内缘会有波浪状。结束与起头要重叠约2cm，再把多余的斜布条剪掉。

28. 将斜布条整个翻到袋身里侧。

29. 超出袋身的斜布条毛边对折。

30. 在直角处先包住一边的毛边，把转角尖角整理出来，以珠针固定。

How To Do

31. 再包入另一侧毛边，以贴布缝固定斜布条。整个袋身都包边一圈。

32. 完成后，将袋身往上折(对准记号点)。

33. 以卷针缝固定袋身左右两侧。

34. 袋身侧边对袋底中心，压平画出底宽约2cm后缝合(袋底抓角)。

35. 左右两边袋底都缝好。

36. 由袋口翻回正面。

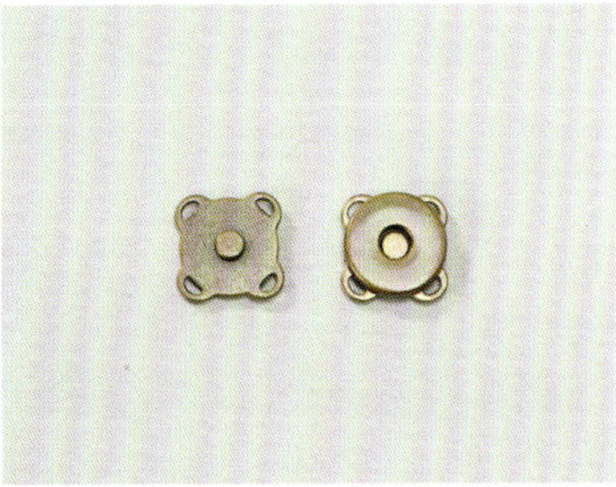

37. 备好10mm手缝磁扣一组。

38. 袋口缝上磁扣。

39. 完成水中花褶包。

▲背面

▲底侧面

Special Style

NO. 6

草莓包扣笔袋

就是一块方形布，
上下对折，左右缩缝，
立刻成为横式筒状小包。
当笔袋、眼镜袋、化妆包都行。

Strawberries Pencil Bag

材料

表布30cm×30cm1片
包扣用布30cm×30cm1片
里布30cm×30cm1片
铺棉30cm×30cm1片
滚边用布30cm×50cm
20cm拉链1条
直径3.5cm包扣2组

草莓包扣笔袋

1. 裁表布26cm×23cm1片，与铺棉、里布重叠，三层做压线。

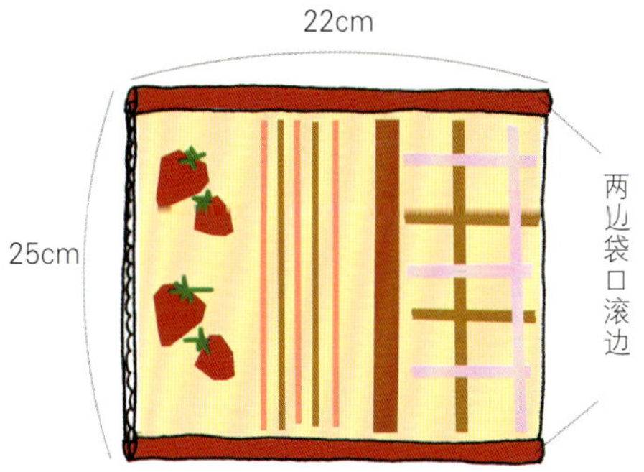

2. 压完线，将表布裁成25cm×22cm后，将上下袋口的边包缝滚边。

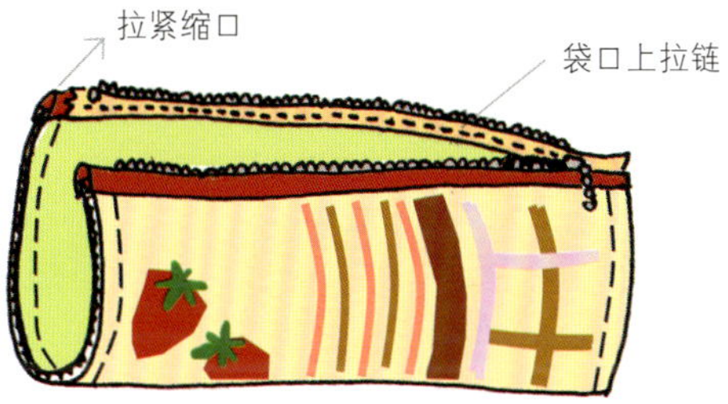

3. 袋口上拉链，两袋侧边疏缝缩口，疏缝针距约1cm宽。

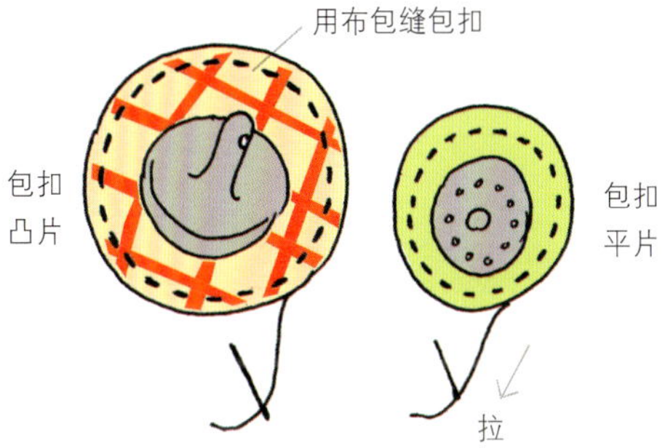

4. 包扣用布：裁表布(直径6.5cm的圆形)2片，里布(直径5.5cm的圆形)2片，分别将包扣用布包好。

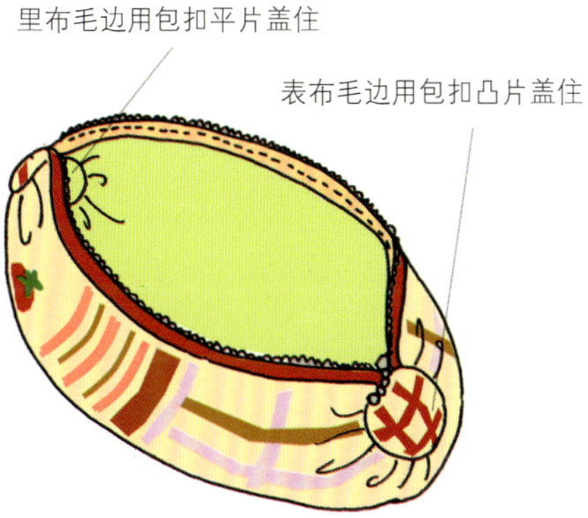

5. 将包扣凸片放入表布侧边缩口，缝合固定正好盖住毛边。包扣平片缝在里布侧边缩口，盖住袋里毛边。完成作品。

NO. 7

花舞贝壳形小包

扇形设计，
加上肆意绽放的花朵，
美丽的贝壳形小包，无可取代。

材料

表布配色布(共2款)20cm×30cm各1片
里布20cm×40cm1片
铺棉30cm×30cm1片
蕾丝30cm1条、滚边用布30cm×50cm1片
15cm拉链1条、1cm宽棉织带10cm

花舞贝壳形小包

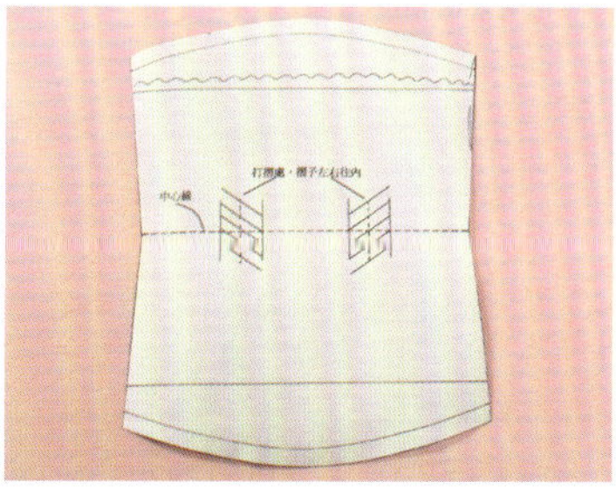

1. 先将纸型裁下。

2. 裁好表布布块（上、下棉麻布5cm×18cm 2片，中间布块15.5cm×18cm 1片）。

3. 如图所示拼缝成一片。

4. 缝份倒向中间，一边拼接处缝上蕾丝。

5. 表布、铺棉(同表布大小)、里布(23cm×23cm)居中对好，三层重叠。

6. 压缝拼接处，外围完成线可疏缝固定。

7. 如图先沿着上边的完成线修剪，左、右侧由中心线往上1cm处，依纸型剪下。

8. 再来修剪掉下边完成线外的表布及铺棉（里布保留不剪）。

9. 修掉下边的袋口，三层都沿完成线剪好。

10. 留下的里布，左、右分别沿完成线往外2cm修齐。

11. 另取4cm长的棉织带对折。

How To Do

12. 固定在袋侧。

13. 两边袋口上滚边。

14. 依纸型记号，往中心打褶。

15. 平针缝将褶子固定。

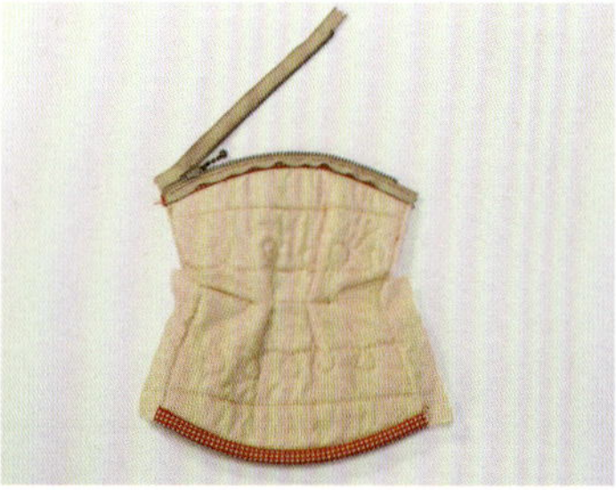

16. 袋口一边先缝好拉链。

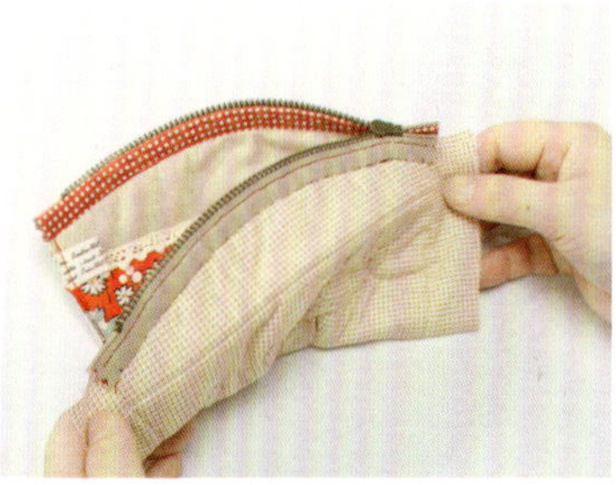

17. 同样方法完成另一边拉链。

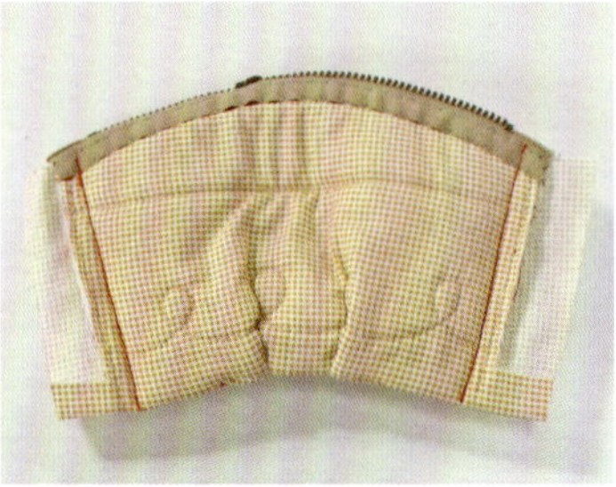

18. 由完成线往内0.7cm，缝合袋侧边。

19. 之前留下的缝份先对折一次。

20. 再折入，包住袋侧的毛边。

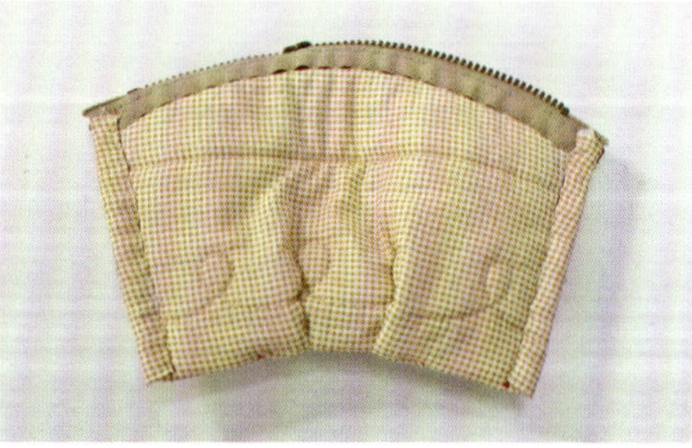

21. 以贴布缝固定（左右两侧皆相同）。

22. 由袋口翻回正面，完成花舞贝壳形小包。

NO.8 典雅钱夹

现代人少不了的贴身钱夹，
出门必备的证件、名片、钞票，
整齐收纳，一目了然。
收取之间，优雅从容。

材料
表布配色布(共3款)30cm×30cm各1片
里布50cm×110cm1片
铺棉30cm×30cm1片
蕾丝20cm1条、滚边用布30cm×50cm1片
10mm手缝磁扣1组、10cm拉链1条

典雅钱夹

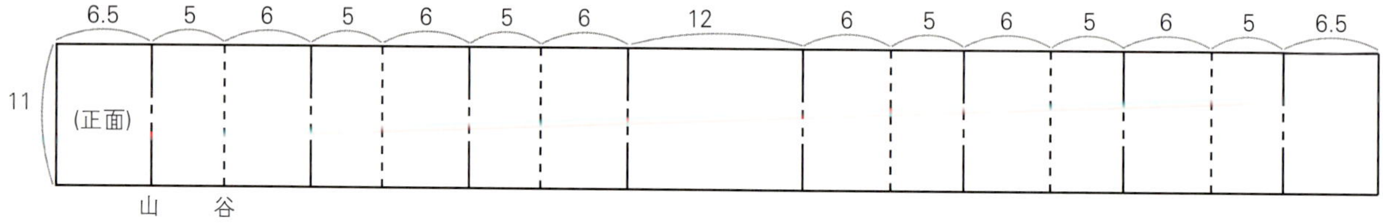

1. 裁里布11cm×91cm，依图做山折、谷折线并烫好，上下疏缝固定，完成卡层。

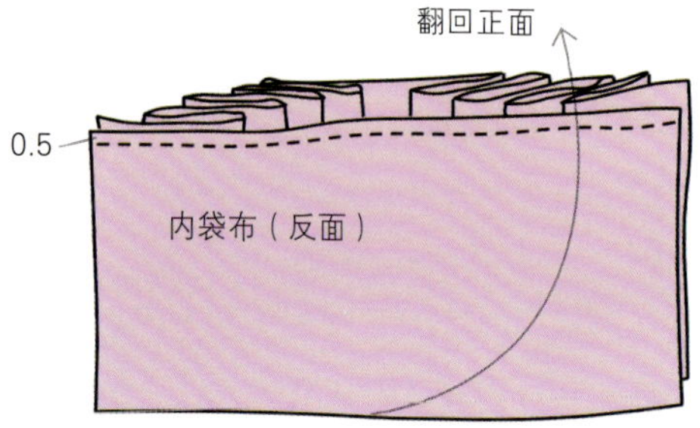

2. 再裁内袋布12.5cm×22cm，与烫好的卡层正面相对，车缝上边0.5cm处，再往后翻回正面。

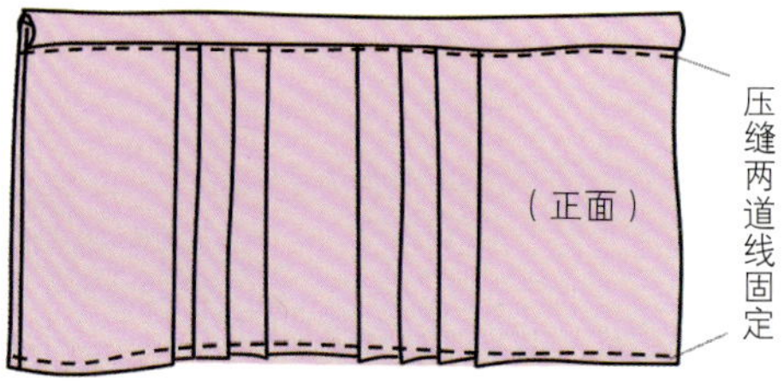

3. 如图上下压缝两道线，固定卡层。

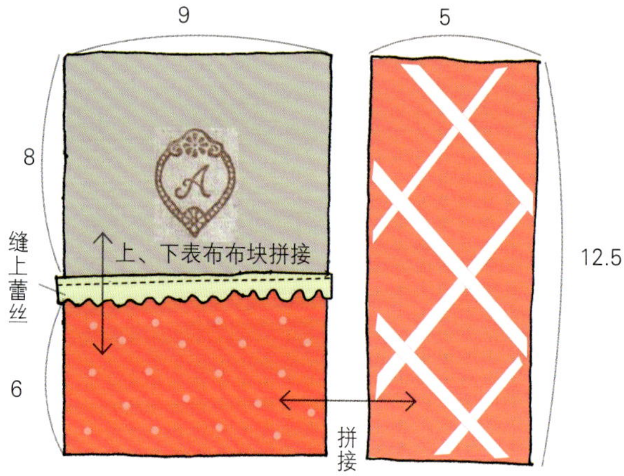

4. 表布8cm×9cm和6cm×9cm如图拼接，拼接处缝上蕾丝后，再与12.5cm×5cm拼接成一片。

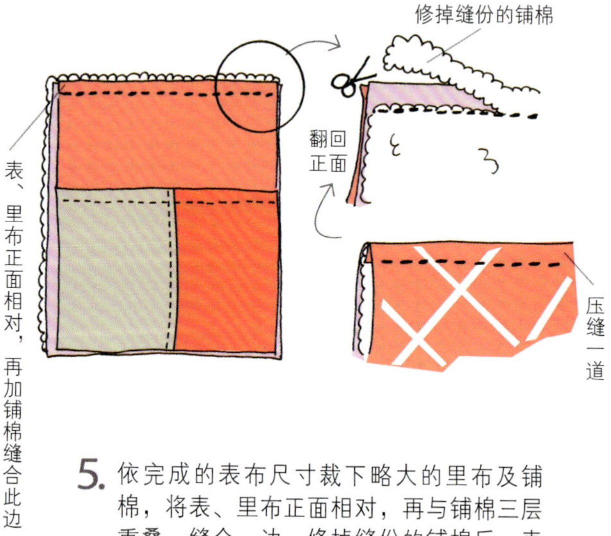

5. 依完成的表布尺寸裁下略大的里布及铺棉，将表、里布正面相对，再与铺棉三层重叠，缝合一边。修掉缝份的铺棉后，表布翻回正面，把铺棉包入表、里布中间，压缝固定。另裁表布12.5cm×9cm，同样方法收好一边的毛边。

6. 如图所示包入铺棉的两部分，先做压线后，缝上拉链。拉链齿的宽约1cm，合对纸型大小，修剪成完成尺寸。

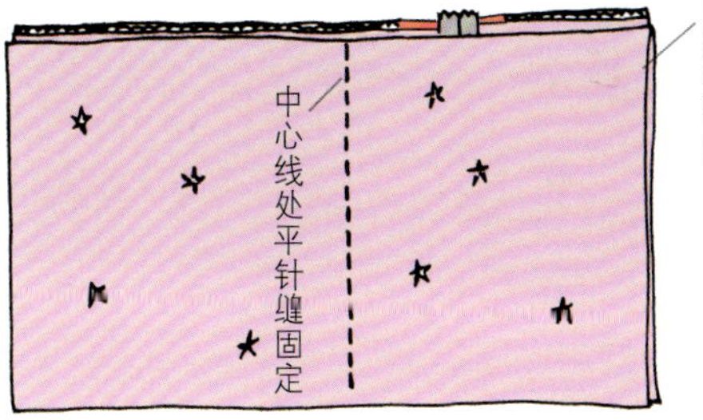

7. 翻到袋里，放上间隔布（裁22cm×25cm里布，对折25cm那边），在中心线处平针缝一道，合对纸型的大小。

8. 再把完成的卡层放在袋里，对齐中心线后往下1cm处，疏缝固定。

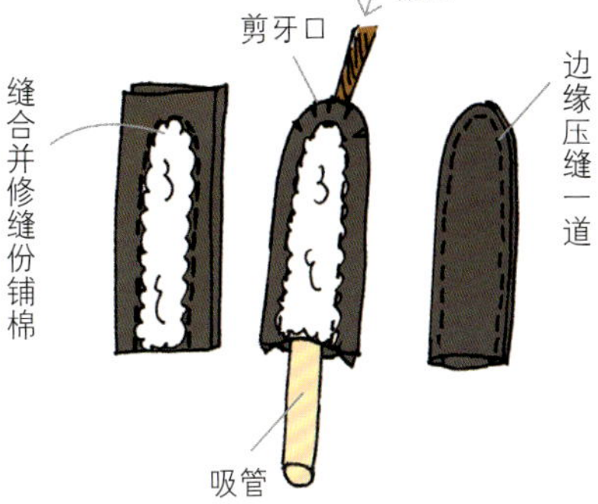

9. 裁4cm×8cm两片布，正面相对再加铺棉，车缝好翻回正面(可使用吸管穿入一端，再以木棒从另一端推出，就可轻易翻回正面)。边缘压缝，完成扣襻。

10. 将扣襻固定在袋身，缝上磁扣。

11. 袋身整圈包缝滚边，即完成典雅钱夹。

正面

反面

内侧

Lesson 3 学会贴布 图案变丰富

NO. 9 铁塔iPhone袋P.37

NO. 10 俄罗斯娃娃钥匙零钱包P.41

NO. 11 旺旺化妆包P.44

NO. 12 小鸭零钱包P.46

★作品尺寸供读者参考，数字单位皆为厘米（cm）。

NO. 9

铁塔iPhone袋

情定埃菲尔铁塔，
我的浪漫故事从此开始。
彼此捎个信息，
想念，但不错过。

材料

表布(共2款)30cm×30cm各1片
配色布(共2款)10cm×10cm各1片
图案布1片、里布30cm×30cm1片
铺棉30cm×30cm1片
奇异衬30cm×30cm1片
滚边用布30cm×50cm1片、15cm拉链1条
1cm宽织带30cm 1条

铁塔iPhone袋

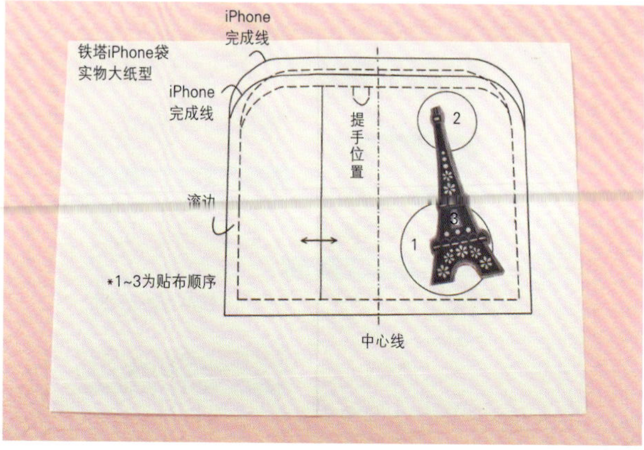

1. 取出纸型，裁下。

2. 依纸型(含缝份)裁下左、右表布各1片。

3. 缝合后摊开。

4. 取铁塔图案布加两片配色的花布。

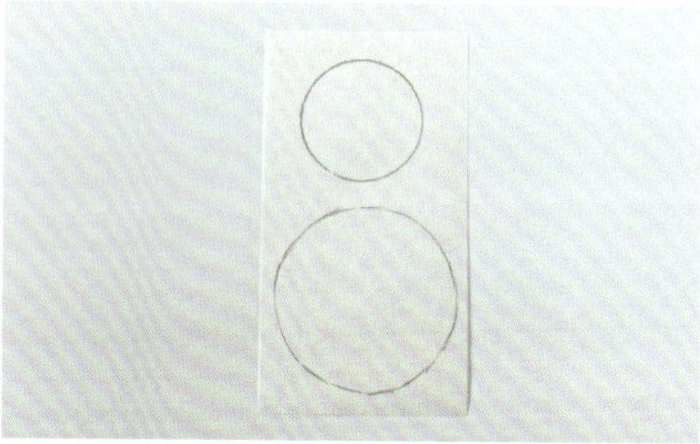

5. 在奇异衬的纸面，画上直径5.4cm和3.5cm的圆。

6. 有胶面直接对布块反面烫上。

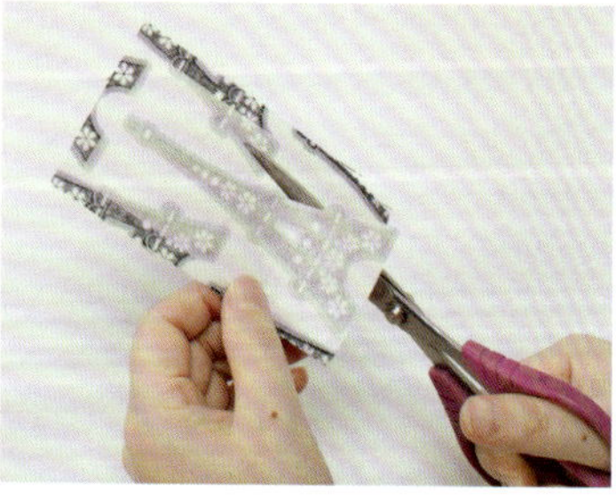

7. 依铁塔外形剪下。

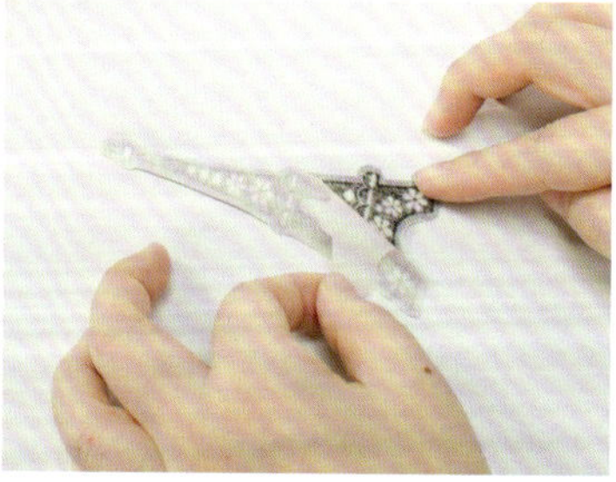

8. 再把奇异衬的纸撕下，经过熨烫后，胶面已经粘贴在布块反面。

How To Do

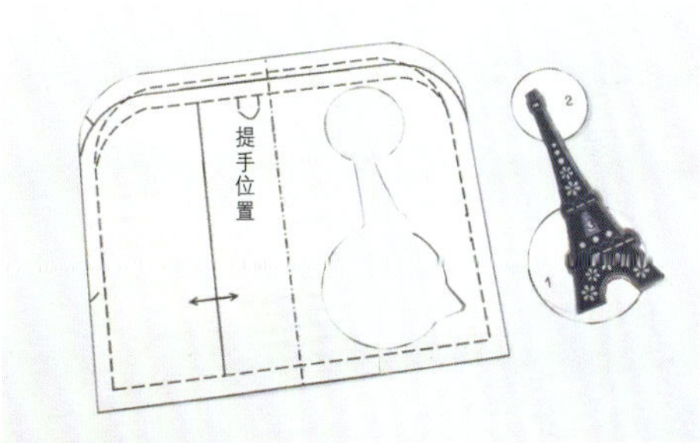

9. 为了合对设计纸稿的贴布位置，可先将纸型上的贴布位置镂空。

10. 将贴布位置描好，做好记号。

11. 依记号先放上圆布块。

12. 再放上铁塔布，用熨斗烫上，贴布边缘要再以贴布缝固定。

13. 表布、铺棉、里布三层重叠。

14. 压线。在完成线外围疏缝固定。

15. 取20cm长织带，对折。

16. 固定在纸型记号位置。

17. 依完成线剪下。

18. 取滚边斜布条，准备滚边。

How To Do

19. 将外围毛边滚边，完成。

20. 袋口中心及左右各0.5cm处做上记号，为两边拉链的起点。

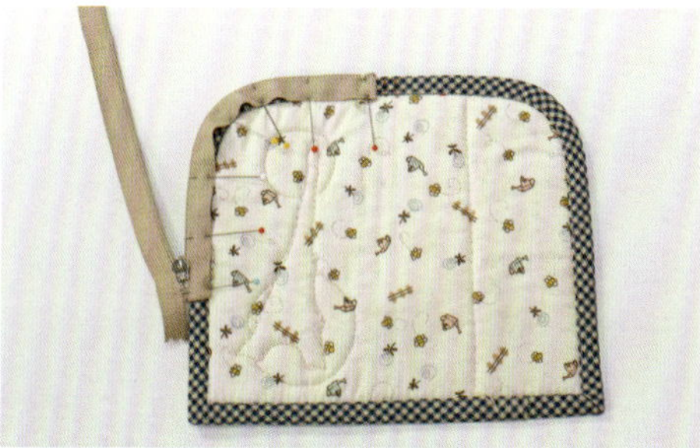

21. 先缝一边拉链。

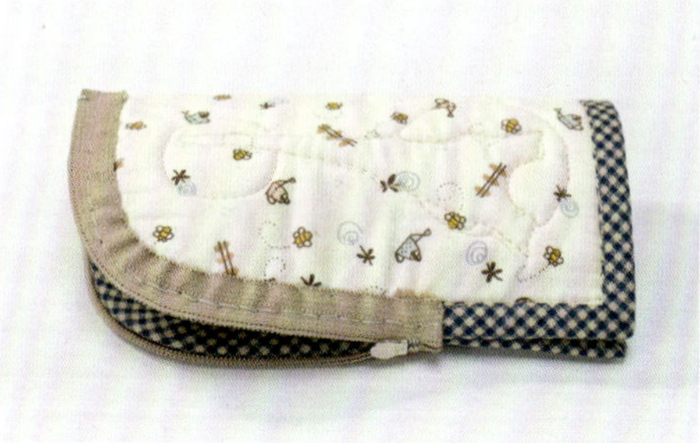

22. 表布对折后，再缝上另一边拉链。

23. 其他未上到拉链的袋侧，以卷针缝固定。

24. 完成铁塔iPhone袋。

Lovely Style

NO.10

俄罗斯娃娃钥匙零钱包

挂钥匙、放零钱，
将大环套在手腕逛街去。
轻松自在，潇洒随意。

材料

表布(共2款)30cm×30cm 各1片
配色布(共2款)20cm×20cm 各1片
里布20cm×40cm1片、滚边用布30cm×50cm1片
铺棉20cm×40cm1片
滚边用布30cm×50cm1片、直径6mm黑色扣子2颗
绣线黑色、咖啡色各1束
15cm拉链1条、装饰用标签布1片
钥匙环1组(85mm大环1个、25mm扁双圈环4个)

俄罗斯娃娃钥匙零钱包

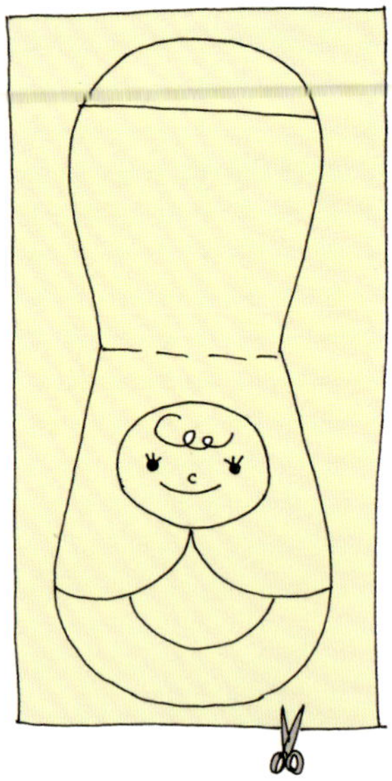

1. 将纸型裁下后，分解各部位零件。

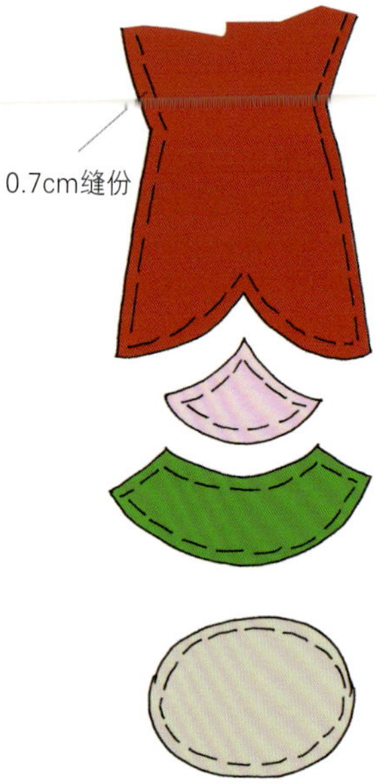

2. 依纸型外加缝份，将布块裁好。

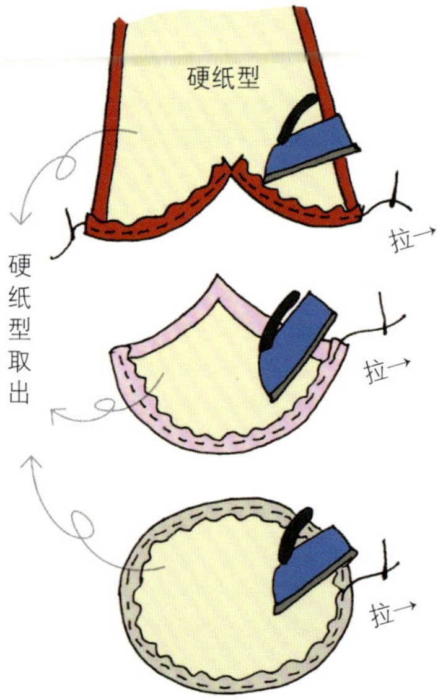

3. 如图将毛边收好。

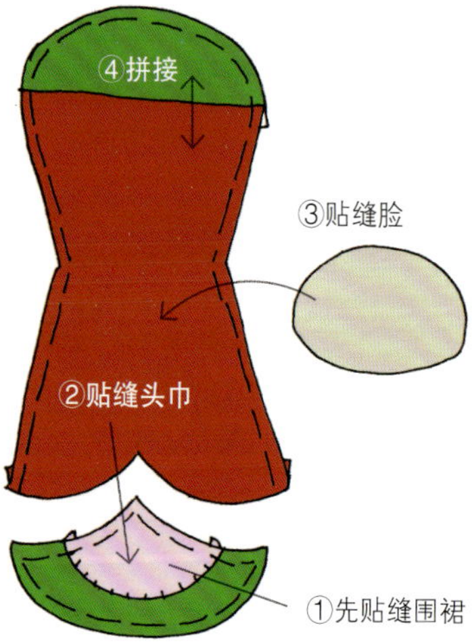

4. 依序做贴缝：先将围裙贴缝好，把头巾贴缝在围裙上，再把脸贴缝上，最后表布上、下拼接。

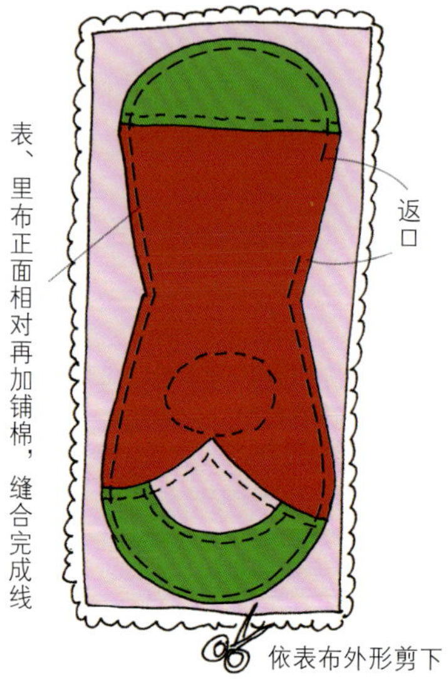

5. 完成的表布与略大的里布，正面相对再加铺棉，缝合完成线。要留约6cm不缝，作为返口。

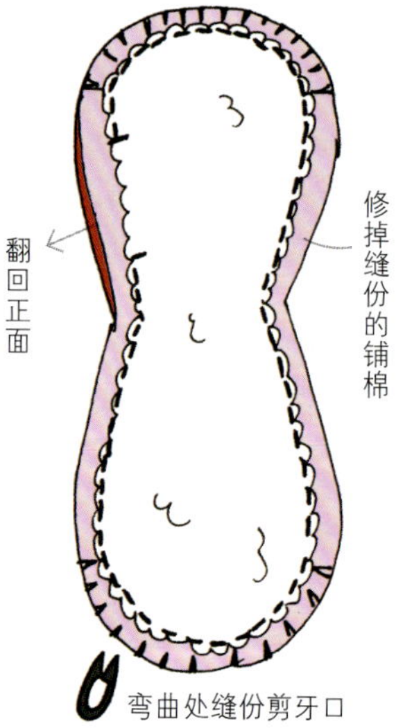

6. 把缝份的铺棉修掉，小心不要剪到缝线。弯曲处的缝份剪牙口后，再由返口翻回正面。

How To Do

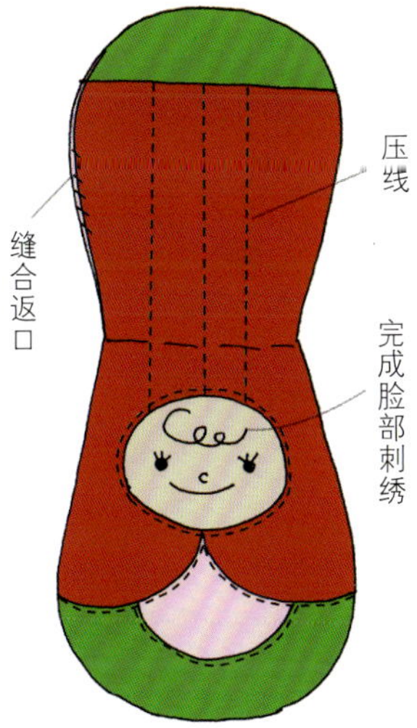

7. 缝合返口，再将袋身压线，完成脸部刺绣。

8. 袋身中心往下约2cm处上拉链，先上一边拉链后穿入大环，再上另一边拉链。其他没上到拉链的袋身以卷针缝固定。完成钥匙零钱包。

NO.11

旺旺化妆包

把最爱的小狗图案贴布缝上，
每天对镜梳妆时，都能和它打声招呼，
这就是我的小幸福。

材料

表布(共2款)30cm×30cm各1片
配色布(共3款)20cm×20cm各1片
里布30cm×30cm1片、滚边用布30cm×50cm1片
铺棉30cm×30cm1片
奇异衬10cm×10cm1片
绣线黑色、粉色各1束
15cm拉链1条、装饰用标签布1片

旺旺化妆包

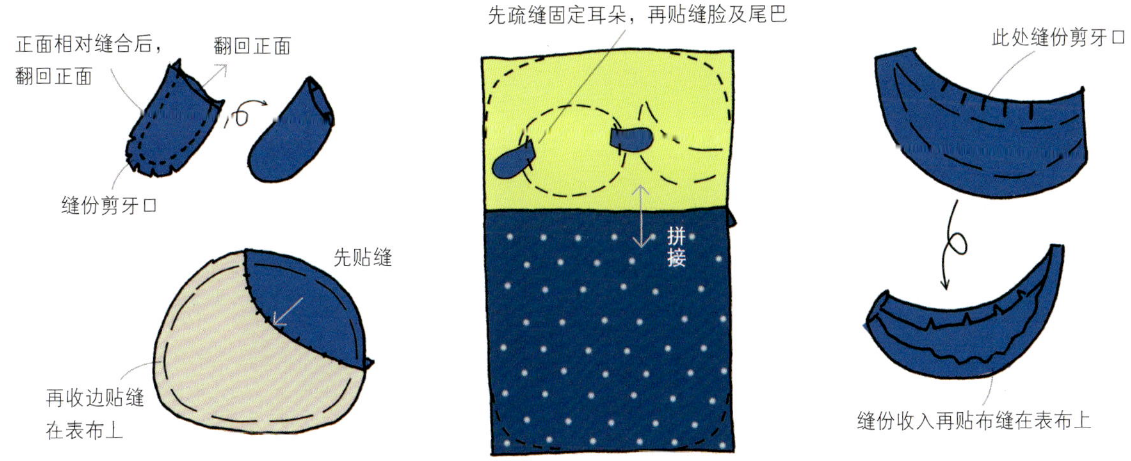

1. 将纸型裁下，表布外加0.7cm缝份裁好。将图案画在表布上做好记号，耳朵依图完成后，先将小狗耳朵疏缝在表布适当位置，再将脸贴缝盖住耳朵的毛边，尾巴也依序贴缝好。

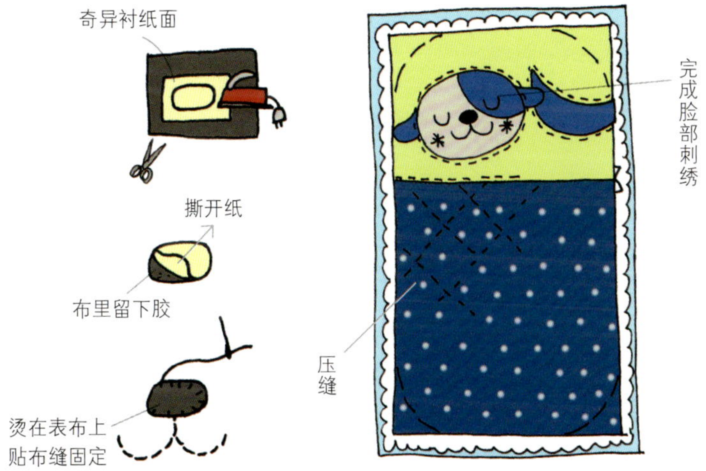

2. 鼻子以奇异衬完成，表布、铺棉、里布三层压线，并完成脸部刺绣。

3. 压缝好的袋身依完成线剪下后，包缝滚边一整圈。

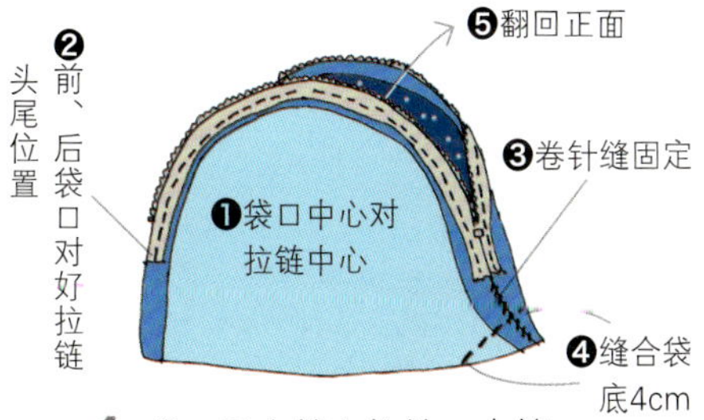

4. 袋口居中缝上拉链，未缝到拉链的袋身卷针缝固定，袋底压缝4cm。

▲ 背面

NO.12 小鸭零钱包

治愈系的小鸭跟着我吧！
配色不同，绝不撞包，
可爱圆形，小女生超爱。

材料
表布配色布(共2款)20cm×40cm各1片
配色布(共2款)10cm×20cm各1片
里布20cm×40cm1片、直径5mm黑色扣子1颗
铺棉20cm×40cm 1片
滚边用布30cm×50cm1片
15cm拉链1条、1cm宽织带50cm1条
1cm宽缎带夹1个、小铁圈1个

小鸭零钱包

1. 先将纸型裁下。

2. 裁出上表布及下表布各1片。

3. 可先把纸型裁开，贴布位置镂空。上表布的下侧留0.7cm缝份后，放上纸型描好记号线。

4. 贴布图案依纸型(外加0.5cm缝份)裁下布块。

5. 内弯尖角处，缝份要先剪出牙口。

6. 缝份处如图疏缝，依尖角牙口分成三段（避免一根线拉到底布容易起褶皱）。

7. 放入硬纸型，拉紧疏缝线后，收起缝份烫平。

8. 放上小鸭身体布块，贴布缝固定。

9. 嘴缝份同法收入。

10. 贴布缝固定小鸭嘴。

How To Do

11. 拼接下方湖水色布块。

12. 表布、铺棉、里布三层重叠。

13. 完成图案压线，缝上黑色扣子当眼睛，
沿着圆形的完成线疏缝固定。

14. 依完成线整个剪下。

15. 前片袋身完成。

16. 袋身毛边包缝滚边。

17. 将斜布条整个翻到袋身里侧。

18. 超出袋身的斜布条毛边对折，再以贴
布缝固定斜布条。

19. 完成滚边。

20. 同法完成后片袋身，可以简单缝上布标。

21. 先缝上一边拉链。

22. 再缝上另一边拉链(内侧)。

23. 完成两边拉链(外侧)。

24. 合并袋身后，未上拉链的袋身以卷针缝固定。

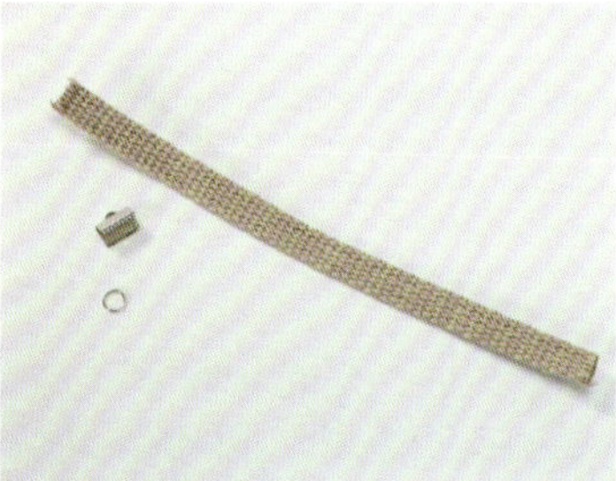

25. 取缎带夹及30cm织带一条，以及小铁圈一个。

26. 将织带对折，以缎带夹固定。

27. 缎带夹挂上小铁圈。

28.

再以小铁圈圈上拉链头，固定织带，完成小鸭零钱包。

▲ 背面

Lesson 4

可爱造型包

NO.13

黑皮狗卡套P.51

NO.14

猫头鹰马卡龙吊饰P.55

NO.15

凯西猫贝壳包P.59

NO.16

吉米兔钥匙包P.64

NO.17

咪咪鼠零钱包P.66

★作品尺寸供读者参考，数字单位皆为厘米（cm）。

NO.13 黑皮狗卡套

材料

表布(共2款)20cm×30cm各1片

配色布(共2款)20cm×20cm各1片

里布20cm×30cm1片、奇异衬5cm×5cm1片

铺棉20cm×20cm1片

绣线黑色、粉色各1束

直径4mm黑色扣子2颗、1cm宽织带40cm1条

里面放上交通卡，
拎在手上或挂大包包旁，
搭乘公交车、地铁时刷卡，
优雅又自在。

黑皮狗卡套

1. 先将纸型裁下。

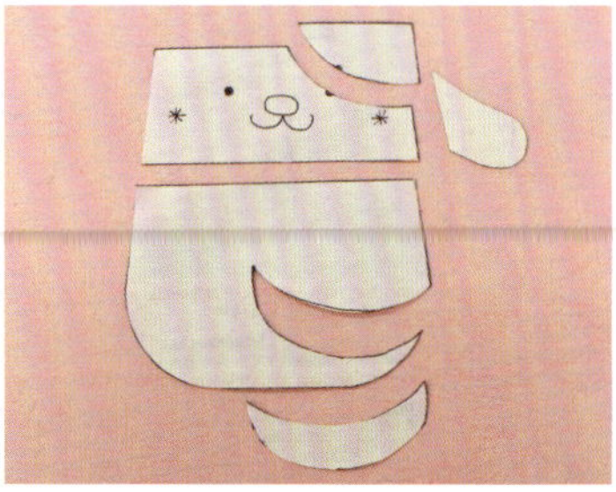

2. 将纸型各部分分解。

3. 依纸型（含缝份）裁下表布及表布上的贴布块。

4. 将贴布块贴缝在表布上，再拼接上、下表布，完成前片表布。

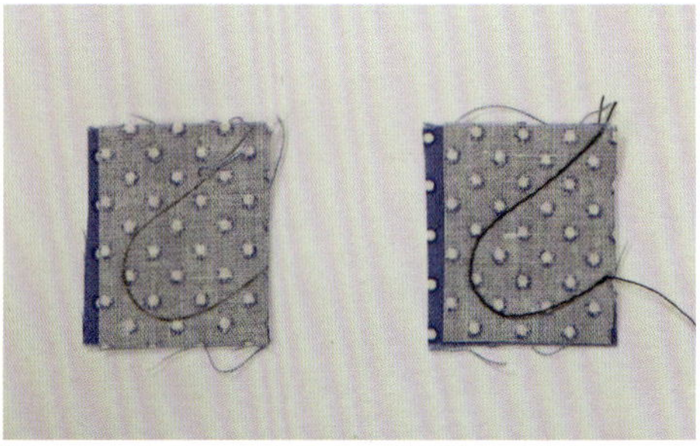

5. 耳朵布正面相对，依纸型上的完成线缝合，左、右耳朵各做一个。

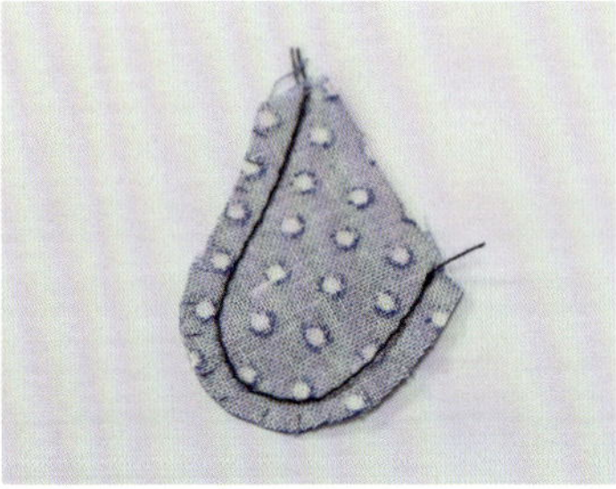

6. 留些缝份剪下，转弯处缝份剪牙口。

7. 翻回正面。

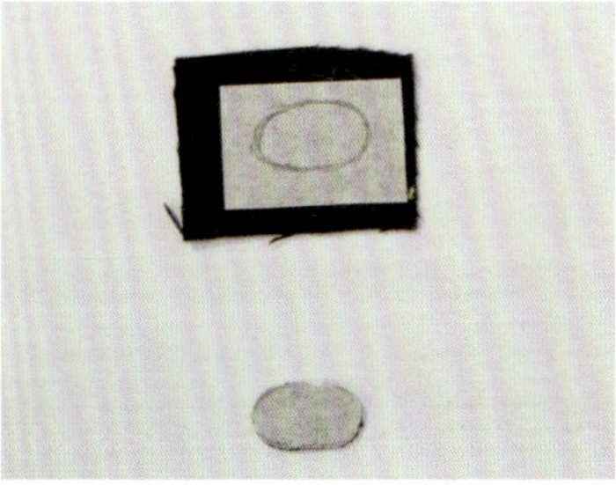

8. 因为鼻子很小，直接以奇异衬完成（奇异衬使用方法可参考P.38）。

9. 缝上眼睛，绣上嘴巴。

10. 表布、铺棉、里布三层重叠。

How To Do

11. 压线，并将外围完成线疏缝固定，完成前片袋身。

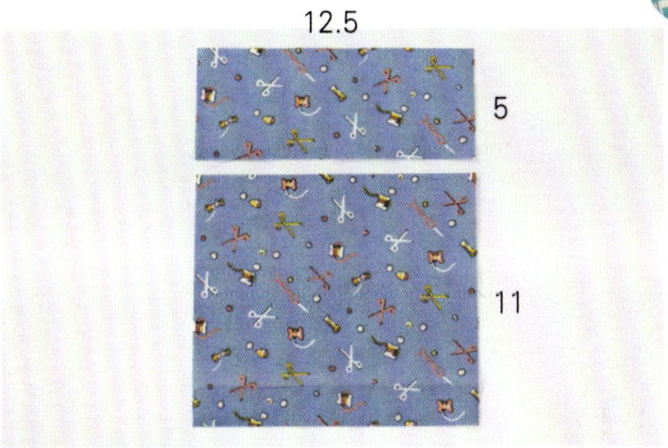

12. 里布裁5cm×12.5cm及11cm×12.5cm各1片。

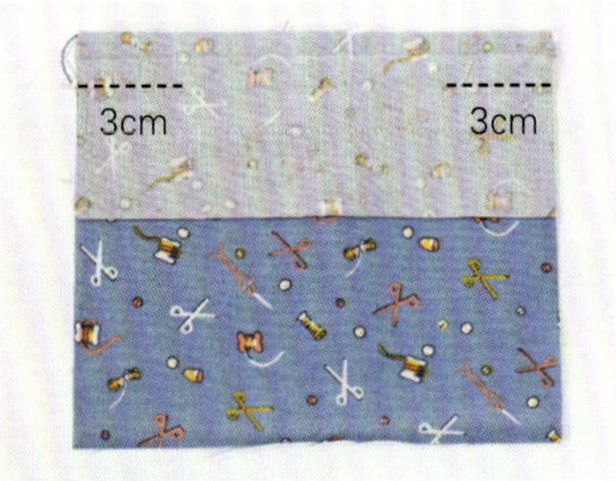

13. 两片正面相对，对齐一边，如图左、右各缝合3cm。

14. 将缝份摊开。

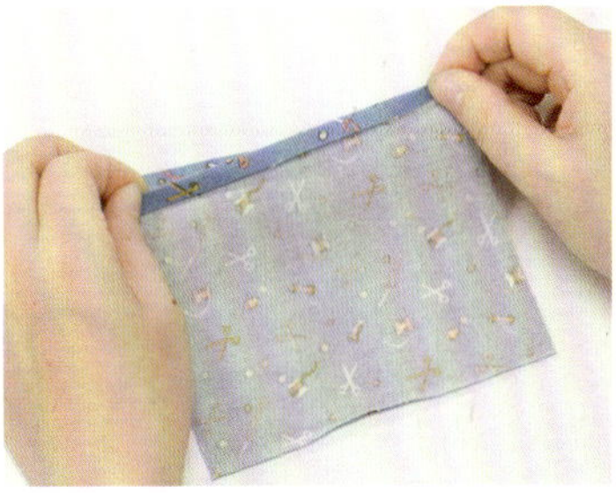

15. 将宽1.5cm的缝份对折，将毛边折入。

16. 上、下缝份用同样方法将毛边折入，以珠针暂时固定。

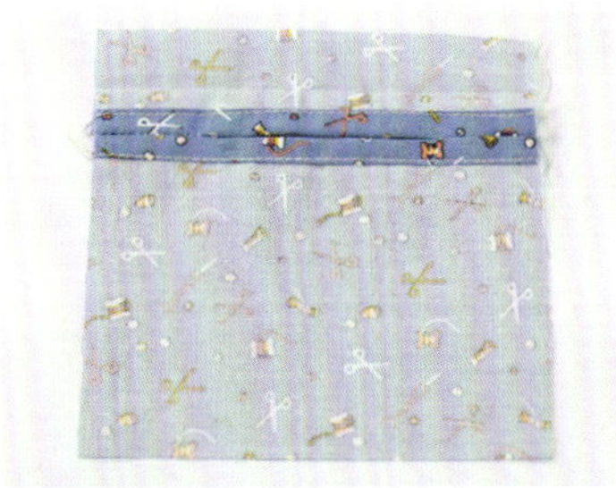

17. 缝合固定，完成后片表布。

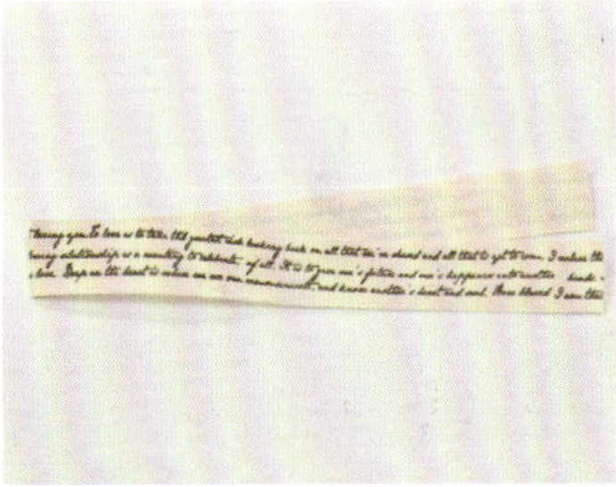

18. 裁25cm长织带1条。

19. 将织带对折，固定在前片袋身上方中央。在左右两边分别疏缝好耳朵。

20. 再将完成的后片表布与前片袋身正面相对。

How To Do

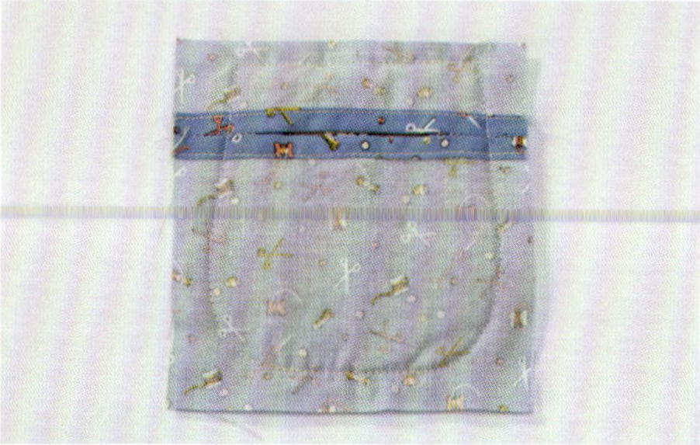

21. 依完成线缝合一整圈。

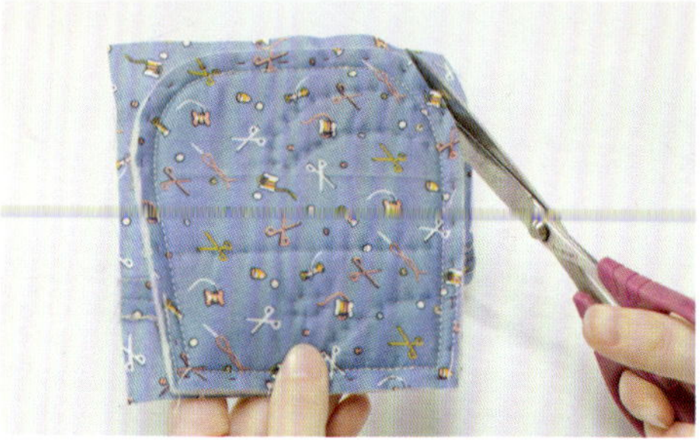

22. 将多余的布修剪掉。

23. 直角处的缝份修小。

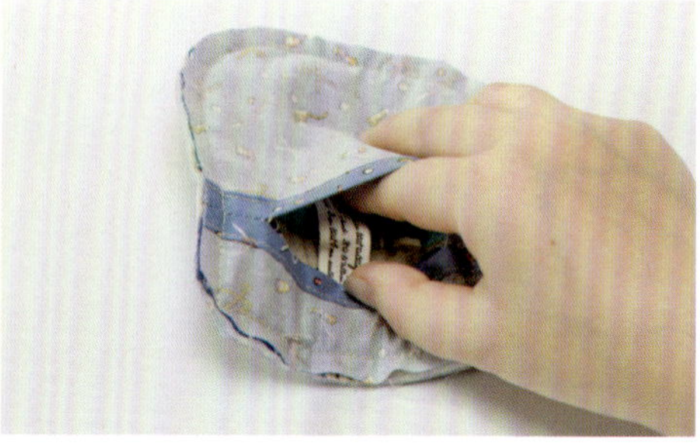

24. 由袋口翻回正面。

25. 袋身周围平针缝一整圈，固定前片及后片。

So Cute

26. 完成黑皮狗卡套。

NO.14 猫头鹰
马卡龙吊饰

小小马卡龙手中握，
拉链打开装硬币，
平时还可当小吊饰，
贴布图案随你选。

材料

表布20cm×30cm1片

配色布(共3款)10cm×10cm各1片

里布20cm×60cm1片

单胶棉20cm×30cm1片

奇异衬10cm×20cm1片

不织布10cm×10cm1片

直径4mm黑色扣子2颗、细织带10cm1条

17.5cm拉链1条、手机吊绳1条

6cm无脚包扣片2片

猫头鹰马卡龙吊饰

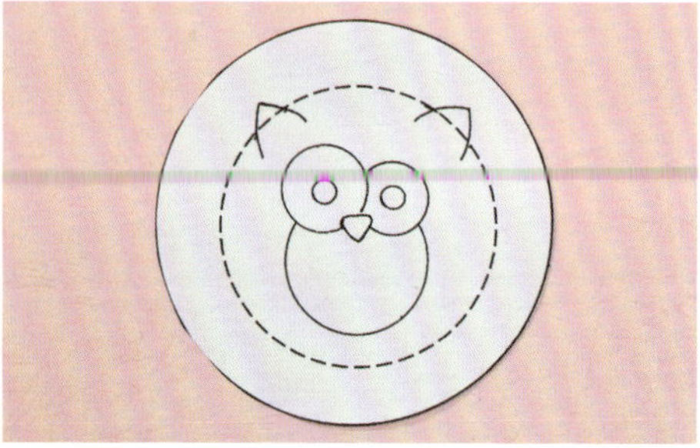

1. 先将表布纸型裁下(此款纸型是含缝份，所以直接依纸型裁布即可)。

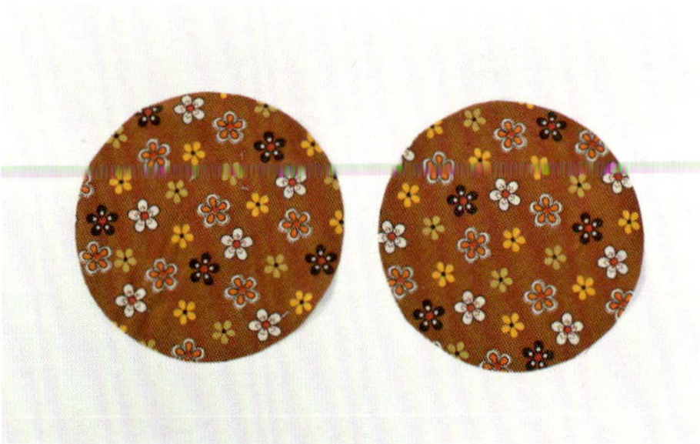

2. 依纸型裁下表布2片。

3. 依纸型把图案画在奇异衬的纸面上。

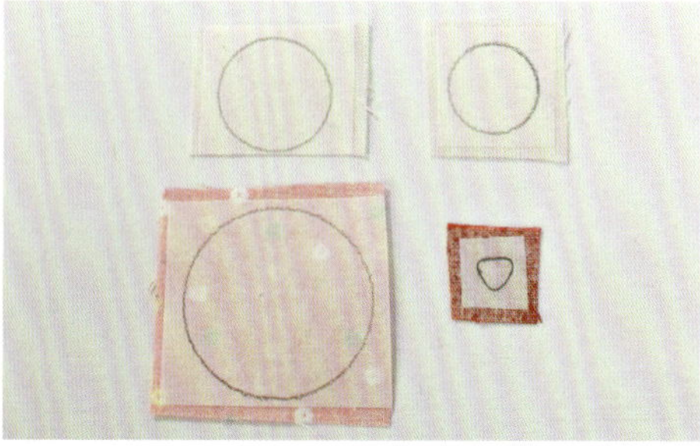

4. 分别烫在配色布反面。

5. 剪下各片，撕下纸膜。

6. 猫头鹰身体、双眼、嘴，分别依纸型位置烫贴在表布上。

7. 依纸型大小裁下2片单胶棉，烫贴在表布反面。

8. 将布块贴布缝固定，缝上黑色扣子做眼睛。

9. 表布外围疏缝一整圈。

How To Do

10. 取出6cm无脚包扣片放入，再拉紧疏缝线，包住包扣片。

11. 以对角缝方式固定表布后，打结。

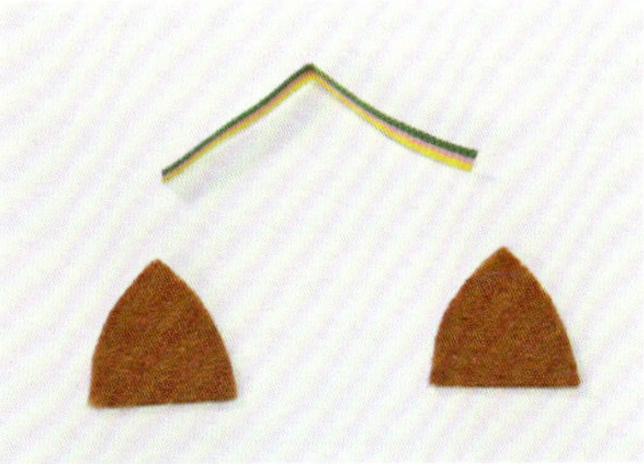

12. 细织带5cm对折，不织布裁耳朵2片。

13. 将织带及耳朵用珠针固定在表布上，翻回正面确定位置，再疏缝固定。

14. 于拉链尾1cm处画上记号。

15. 头尾正面相对，缝合记号线。

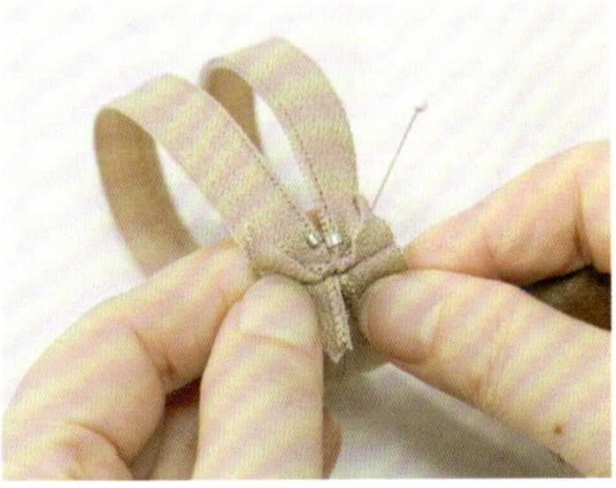

16. 如图把边折入，贴布缝固定。

17. 做成圆环状。

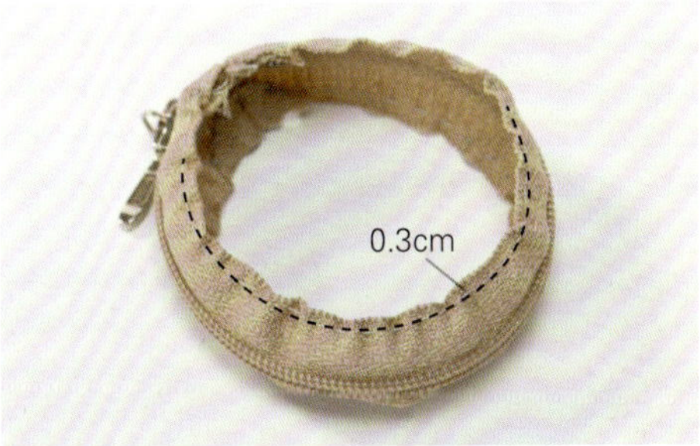

18. 拉链边往内0.3cm疏缝一整圈，稍微拉紧将拉链边往内缩即可。上、下两边都要如此。

How To Do

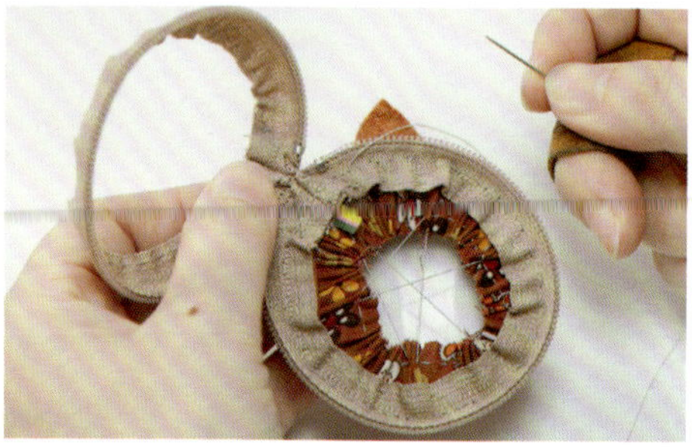

19. 将拉链拉开，与表布合对位置，可先以夹子固定后再缝合拉链。

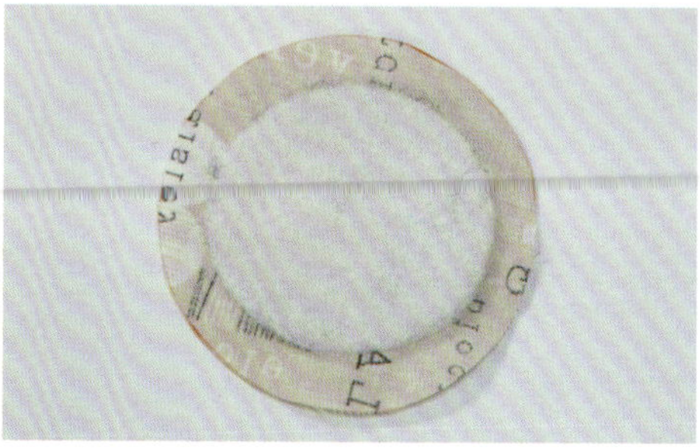

20. 里布依纸型裁下，如图在反面中间烫上单胶棉。

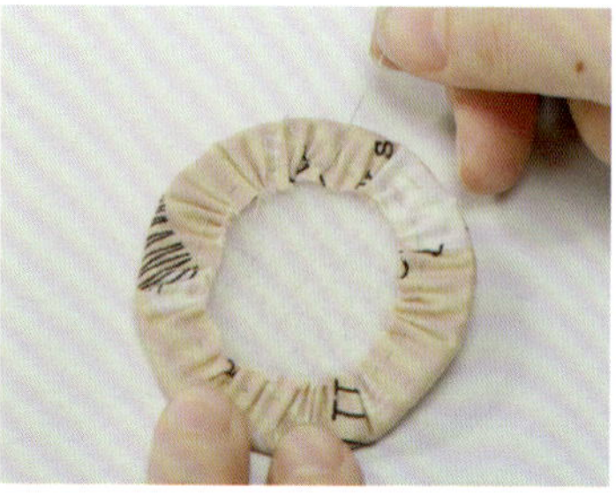

21. 外围疏缝一圈，拉紧收入毛边。

22. 遮住表布及拉链毛边。

23. 缝合固定。

24. 重复步骤20~23，同样方法完成另一片。

Cute Style

25. 拉上拉链，完成马卡龙吊饰。

反面

▲ 正面

NO. 15
凯西猫贝壳包

由三片尖椭圆形布组合成的立体小包，
利用塑料型板的弹性做开合。
简单的设计，却不影响其可爱、实用性。

材料
表布(共2款)20cm×30cm各1片
配色布(共2款)20cm×20cm各1片
里布20cm×60cm1片、绣线黑色1束
单胶棉20cm×60cm1片
塑料型板40cm×60cm1片
不织布10cm×10cm1片

凯西猫贝壳包

1. 先裁下纸型。

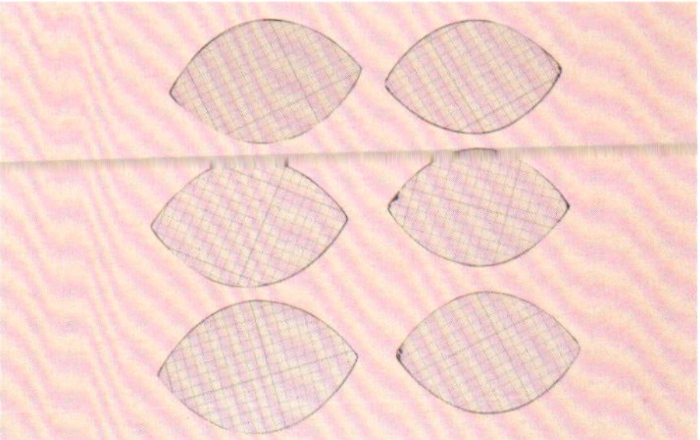

2. 依纸型裁下塑料型板(表3片，里3片)。

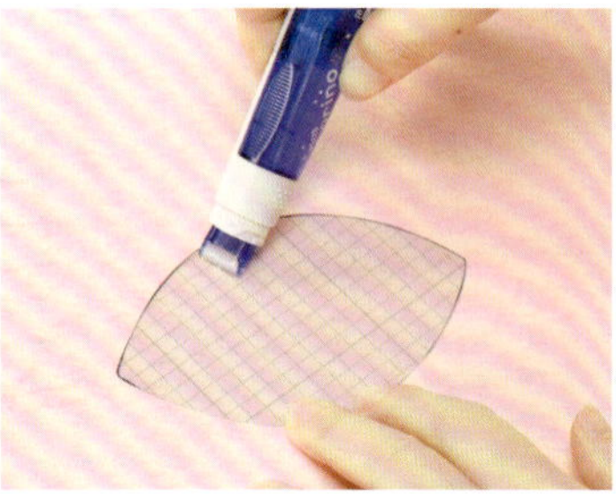

3. 在表型板上粘双面胶。

4. 贴在铺棉上。

5. 剪下如图。

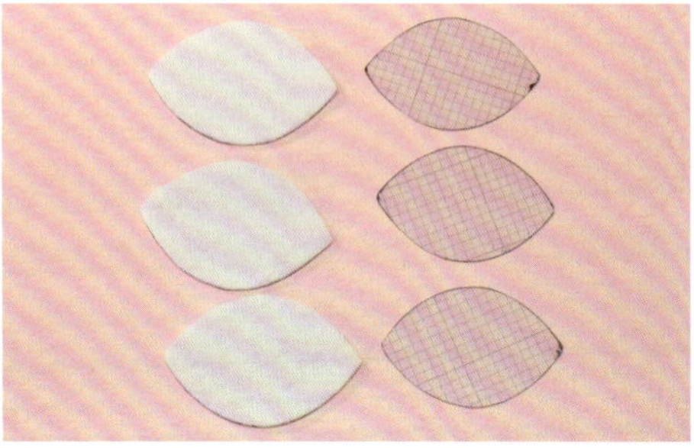

6. 表型板三片贴好单胶棉，里型板三片不用贴单胶棉。

7. 将纸型裁开。

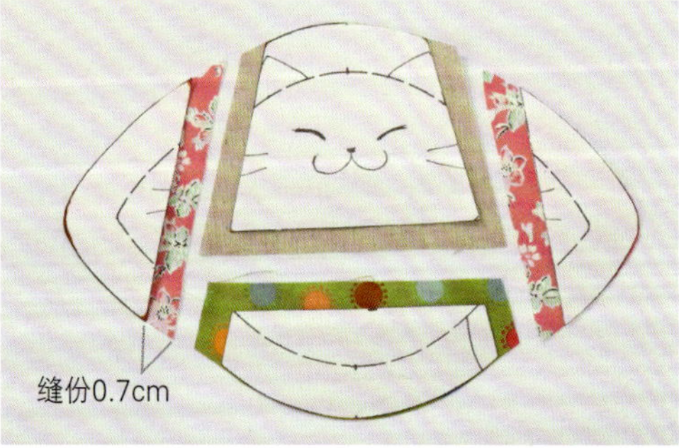

8. 拼接边要外加缝份，如图裁下布块（纸型外围已包含缝份）。

How To Do

9. 先拼缝上、下表布。

10. 再拼缝左、右表布。

11. 完成表情刺绣。

12. 完成的表布外围疏缝一整圈。

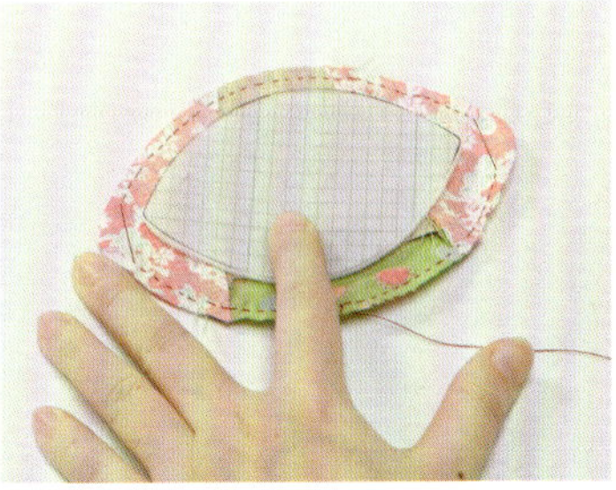

13. 放入表型板（单胶棉面对布里）。

14. 再拉紧疏缝线，收起毛边。

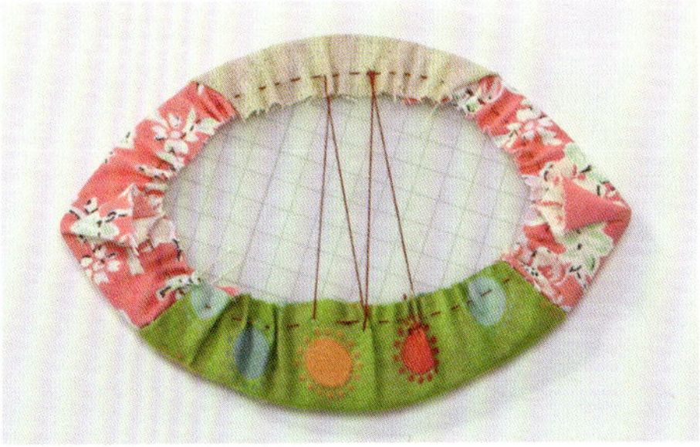

15. 再以对角缝拉紧表布。

16. 依纸型裁好猫耳1对。

17. 合对好位置，疏缝固定猫耳。

How To Do

18. 里布用同样方法，将里型板包入，收起毛边。

19. 完成的一片表布，合对一片里布。

20. 合对好位置，可先以夹子暂时固定。

21. 再慢慢以藏针缝固定两片，缝合一整圈。

22. 完成袋身A(前片)。

23. 用同样方法完成袋身B(后片)、C(底部)。

24. 先取前片和底部，合对下边缘。

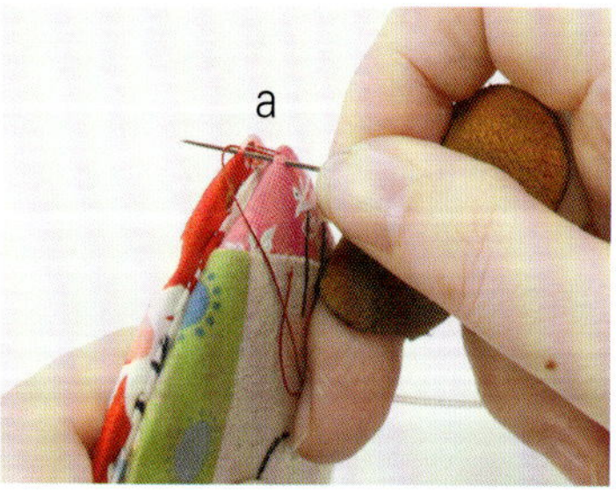

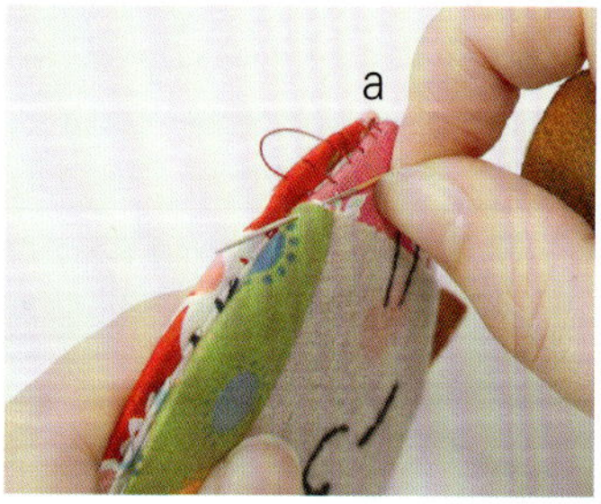

25. 从端点a先回针缝缝两针固定后，再慢慢以藏针缝固定。一直缝到另一端点b，要结束前也先回针缝缝两针，再打结收线。

26. 缝完一边，袋口会微微张开，这是正常的。

27. 将两片撑开，再把后片B合对位置放入，以手抓好固定。

28. 三片的端点先回针缝缝两针固定，再以藏针缝缝合后片与底部合对的边。

29. 袋口左右往内1cm处，要以回针缝缝两针固定袋口，让袋口开合更紧实。

30. 利用塑料板的弹力，以手往内压两边端点，就可将袋口打开。

▲ 底部

31.

完成凯西猫贝壳包。

▲ 背面

Lovely

NO. 16

吉米兔钥匙包

眯眼做梦的小兔兔感染到您了吗？
可爱系小包一直都不会退出流行，
绣上的表情展现主人的心情，
也给自己绣一份好心情吧！

材料

表布(共2款)20cm×30cm各1片
配色布(共3款)10cm×10cm各1片
里布20cm×30cm1片、仿皮绳60cm1条
铺棉20cm×30cm1片
奇异衬5cm×5cm1片、钥匙圈 1个
绣线黑色、粉色各1束

吉米兔钥匙包

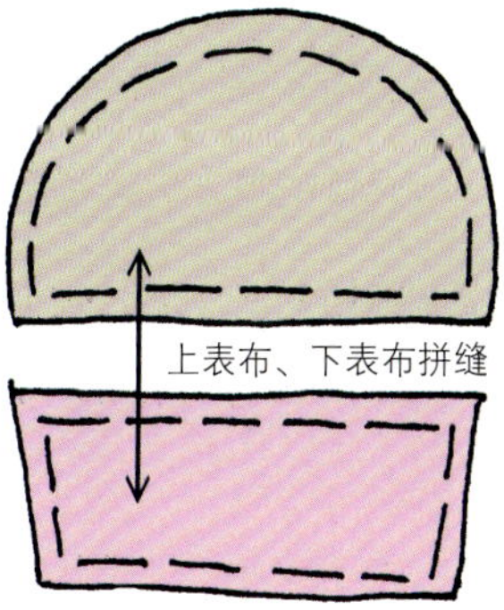

1. 依纸型外加缝份裁出上表布、下表布，拼缝成一整块表布。

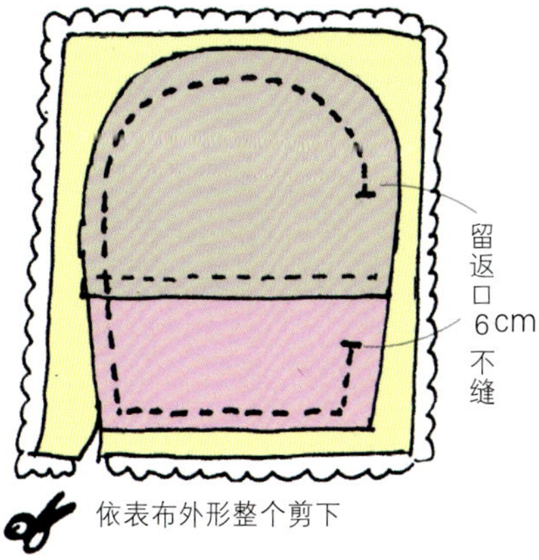

2. 裁略大于表布的里布和铺棉，表、里布正面相对，再加铺棉缝合成前片袋身。留约6cm不缝，作为返口。

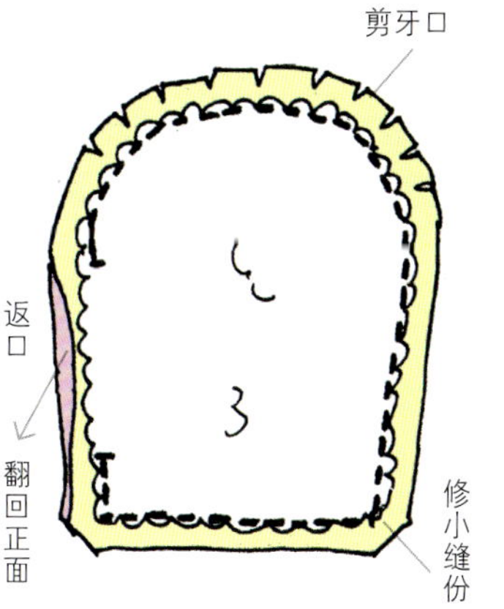

3. 修剪缝份的铺棉，不要剪到缝线，转弯处的缝份要剪牙口。直角处缝份修小后，再由返口翻回正面。

4. 如左侧图示：鼻子以奇异衬完成，烫在前片表布上，再绣上表情。兔耳两片正面相对，缝合后翻回正面。合对位置，疏缝固定在前片表布里。

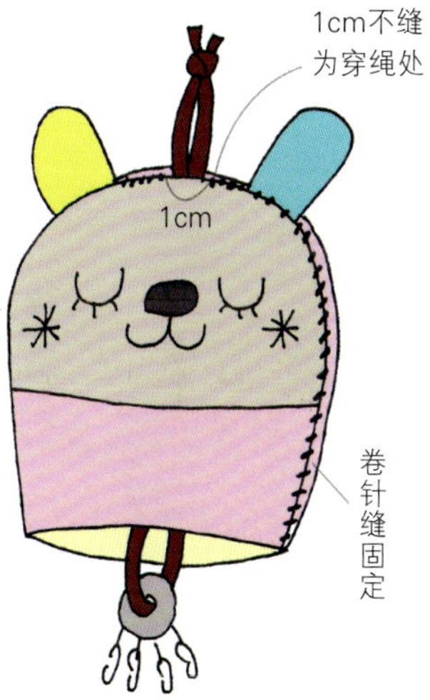

5. 前、后片袋身合并，以卷针缝固定袋身。缝至上端中心需留1cm穿绳处不缝，再继续把袋身都缝好。剪长约38cm仿皮绳1条，穿过钥匙圈，合并两头绳子穿过身上端开孔1cm处，打结固定。完成作品。

Rabbit Style

NO.17 咪咪鼠零钱包

材料

表布(共2款)20cm×40cm各1片

配色布(共2款)20cm×20cm各1片

里布30cm×60cm1片

铺棉30cm×40cm1片

绣线黑色、粉色各1束

1cm宽织带4cm1条、25mm五金环1个

直径4mm黑色扣子2颗、10cm拉链1条

开口设计在后面的可爱小钱包，
正面的表情、配色有很多发挥空间，
加上两只大大的耳朵，可爱指数要爆表啦！

咪咪鼠零钱包

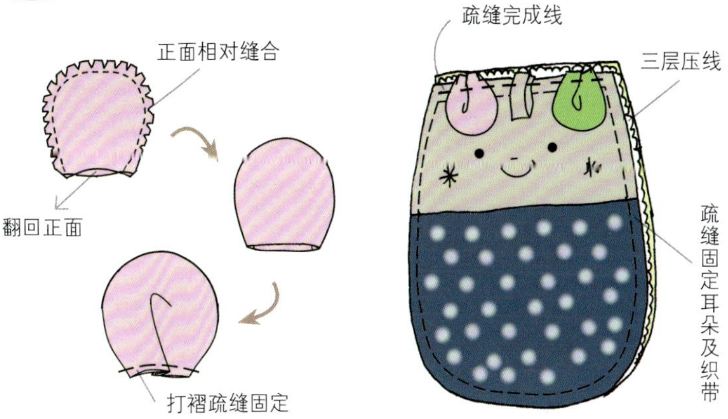

1. 前片表布：依纸型(含缝份)裁下后拼接，绣上眼睛、鼻子、嘴巴、腮红，完成表情。

2. 耳朵正面相对缝合，翻回正面，下方毛边打褶疏缝固定。表布、铺棉、里布三层压线，疏缝完成线后，修好外形。将耳朵及4cm长的织带对折，疏缝固定在前片袋身上方平边处。

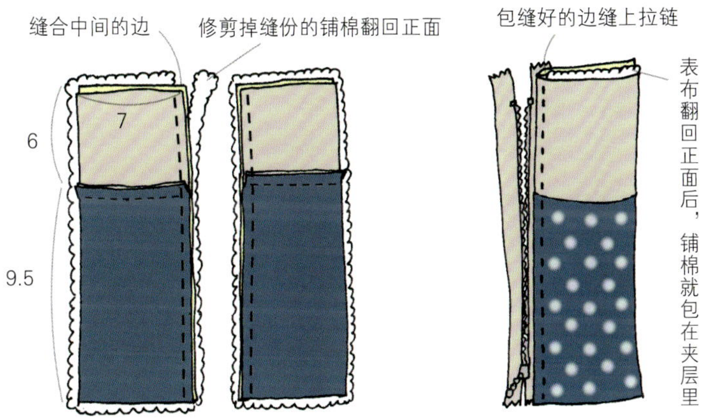

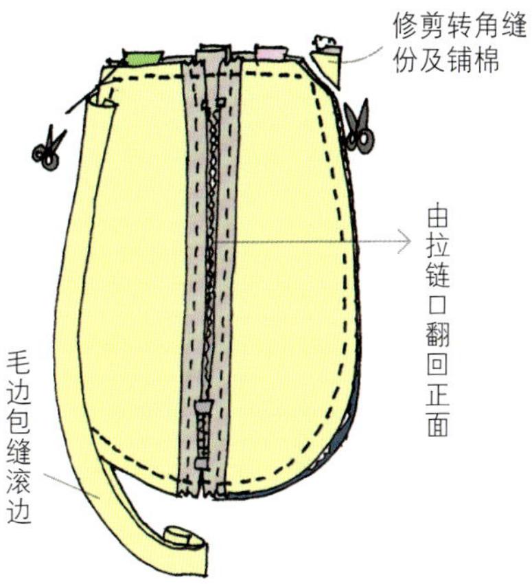

3. 后片表布：先裁出后片上表布(6cm×7cm)2片、下表布(9.5cm×7cm)2片，分别上下拼接，成后片袋身的左、右片。将表布与里布正面相对，缝合中间的边。先修掉缝份的铺棉后，再将表布翻回正面，包缝好的边缝上拉链，再依完成线裁下弧形的后片。

4. 完成的前片袋身和后片袋身(拉链要先拉开)正面相对，缝合完成线，转角的缝份及铺棉修小。周围的毛边以里布裁斜布条整个包缝，再由拉链口翻回正面。

5. 翻回正面后，将袋身整烫好，织带处套入五金环，即完成作品。

▲ 套入五金环

Lesson 5

方便实用小物袋

NO.18

熊猫小提包P.69

NO.19 猫头鹰保护套P.72

NO.20

大黄猫提袋P.75

★作品尺寸供读者参考，数字单位皆为厘米（cm）。

NO. 18

熊猫小提包

耍萌的小熊猫跟您说Hello!
喜欢，就把它贴布缝出来。
带着出门逛街，掩不住的骄傲!

Lovely Panda Bag

材料

- 表布(共2款)20cm×60cm各1片
- 袋底布20cm×60cm 1片
- 配色布(共3款)20cm×20cm各1片
- 里布40cm×90cm1片
- 铺棉40cm×60cm1片
- 挂耳布10cm×8cm1片
- 直径4mm黑色扣子2颗、6mm白色扣子2颗
- 绣线黑色1束
- 2.5cm宽织带25cm1条
- 20cm拉链1条

熊猫小提包

1. 先裁下纸型。

2. 裁开纸型，分解各部位。

3. 裁出上、下表布，比纸型略大。

4. 在上表布将纸型外围完成线描好，再以镂空的纸型将贴布位置也做好记号。先将耳朵及手的贴布完成。

5. 再贴布缝白色的面部。

6. 再贴缝黑色眼圈及蝴蝶（蝴蝶可另用奇异衬完成）。

7. 完成贴布的上表布再与下表布拼接。表布、铺棉、里布三层压缝，并缝上眼珠，完成刺绣。外围完成线也以疏缝固定。

8. 依外围完成线整个剪下，袋口包缝滚边。前片袋身完成。

9. 同法完成后片袋身。袋口缝上拉链。

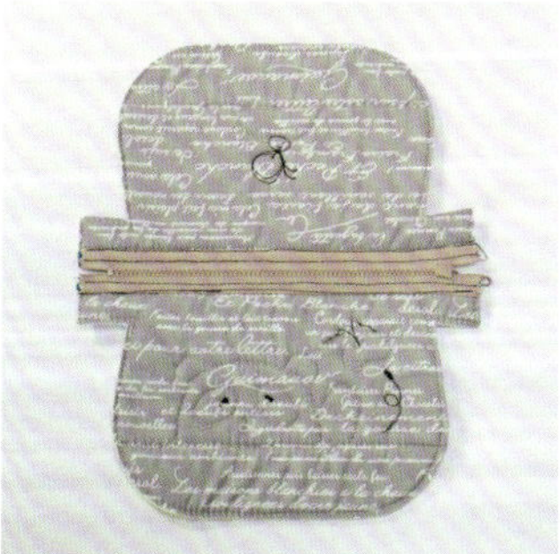

10. 裁10cm×10cm布块1片，分四等份，先将左右毛边折入，再对折。

11. 烫平，压缝两边。

12. 再裁成两段，每一段分别对折烫好。此为挂耳布。

13. 将挂耳布毛边对准拉链两端毛边，疏缝固定。

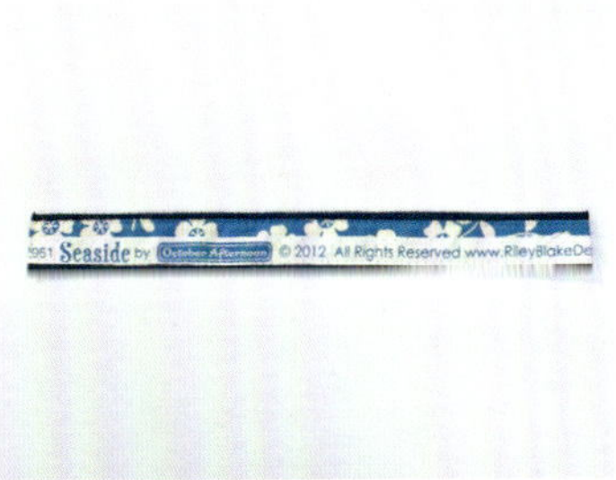

14. 25cm长织带上面车缝布条装饰。

15. 按纸型裁出袋底的表布、铺棉、里布，并三层压缝。如图将织带毛边两端固定在已完成的袋底一侧，往内1.5cm处疏缝固定。

16. 将袋底两端与袋身拉链两端毛边正面相对，拼缝如图。

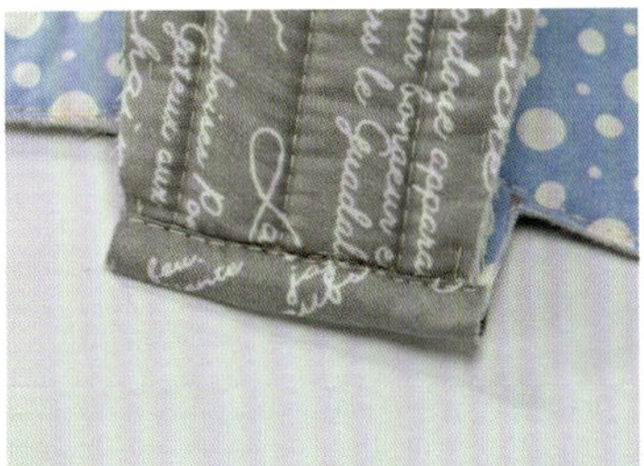

17. 毛边再包缝滚边。

18. 将袋身与袋底合对位置，缝合完成线。

19. 另一边也用相同方法缝合。

20. 袋身毛边包缝滚边完成。

▼ 背面

21. 再由袋口翻回正面。完成熊猫小提包。

NO. 19

猫头鹰保护套

材料
表布(共4款)30cm×40cm各1片
配色布(共3款)20cm×20cm各1片
里布30cm×60cm1片
单胶棉30cm×60cm1片
直径12mm黑色扣子2颗
咖啡色不织布10cm×20cm1片
2cm宽织带20cm1条
14mm手缝磁扣1组

适合收纳小平板电脑(iPad mini)，
背后斜着缝上的织带也方便套在手背上，
拿取小平板电脑时非常方便"掌控"。

猫头鹰保护套

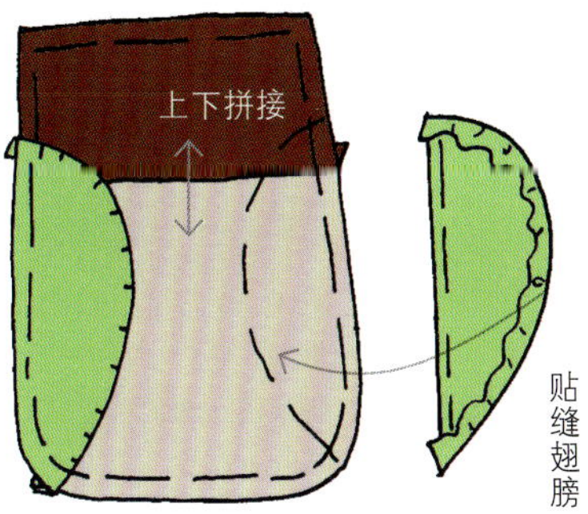

1. 前片：前片表布依纸型(含缝份)剪下，上下拼接成一片，再将翅膀贴缝完成。

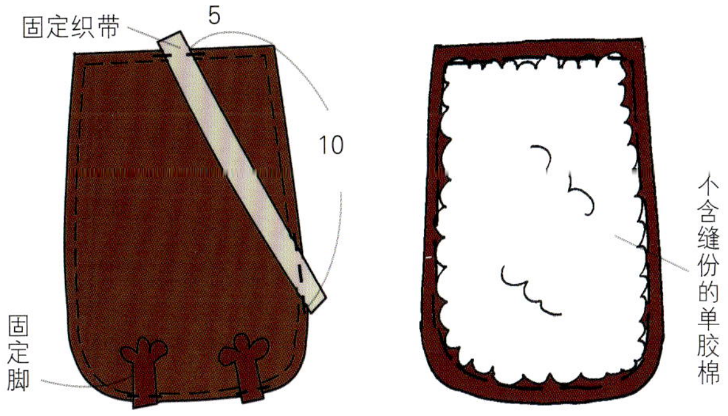

2. 后片：后片表布反面烫上不含缝份的单胶棉，压缝固定。后片表布依图斜缝固定长约20cm的织带。不织布依纸型裁下脚的形状，如图固定在表布下方。

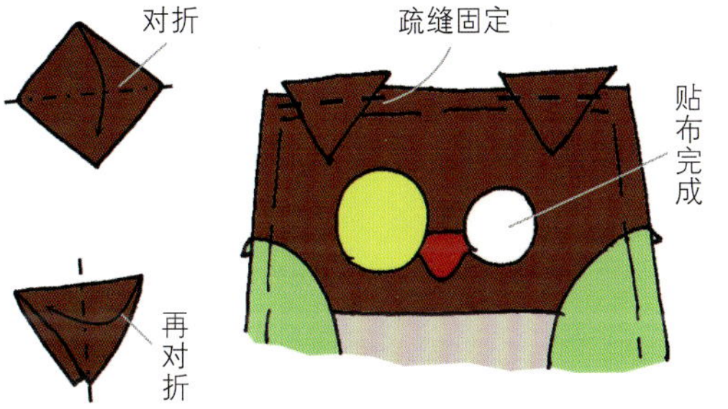

3. 裁5cm×5cm两片，如图对折，为猫头鹰的耳朵，在前片表布如图疏缝固定耳朵，贴布完成眼睛，烫好单胶棉(不含缝份)后做压缝。

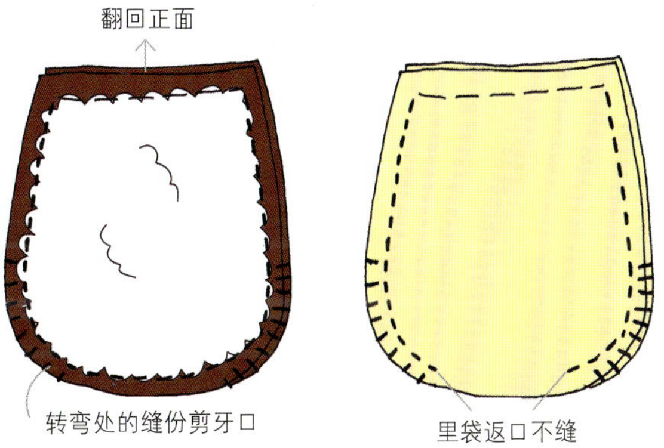

4. 前片表布、后片表布正面相对缝合成表袋后，翻回正面。里布也正面相对缝合成里袋，但袋底要留返口不缝。

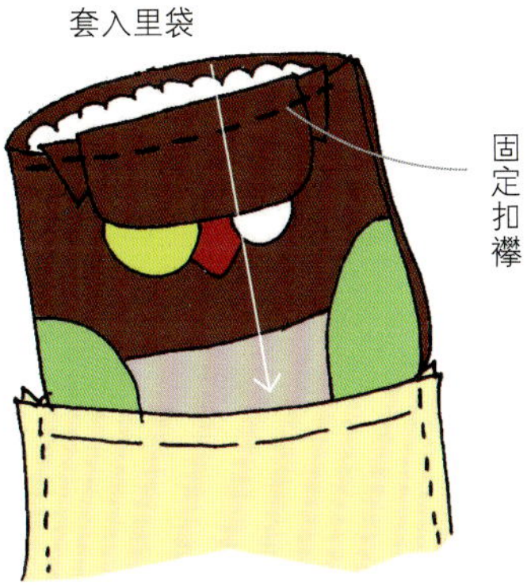

5. 裁6.5cm×11.5cm两片，烫上单胶棉完成扣襻(同p.35典雅钱夹扣襻做法)。表袋口疏缝固定扣襻后，套入里袋。

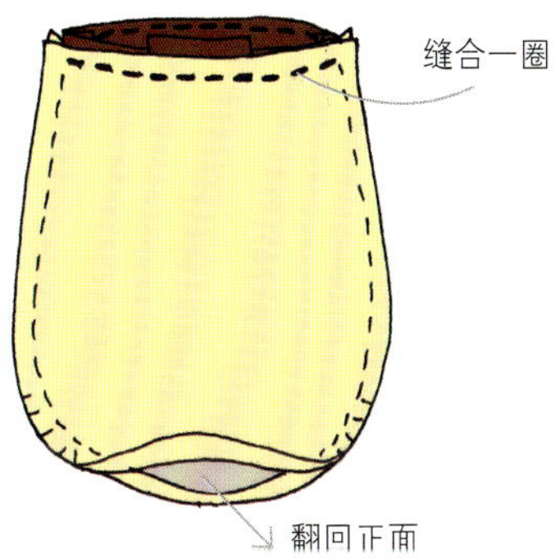

6. 正面相对缝合袋口，再由返口翻回正面。

How To Do

7. 翻回正面后将返口缝合，再将里袋塞入表袋里。

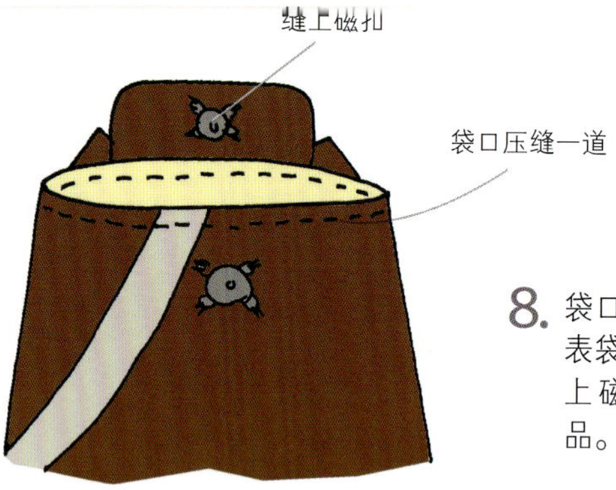

8. 袋口压缝一圈，固定表袋和里袋，扣襻缝上磁扣，即完成作品。

Cute Style

▼ 背面

NO.20

大黄猫提袋

大黄猫，喵喵叫，
这次我要吃便当，
还要主人陪着玩。

材料

表布40cm×80cm1片
配色布(共3款)25cm×20cm各1片
里布40cm×80cm1片、绣线黑色1束
单胶棉40cm×80cm1片

大黄猫提袋

1. 袋身布依纸型裁好，大黄猫的身体、脸、鼻子贴布缝，绣上眼睛及其他黑色线条并压缝好。袋底两边的褶角也缝好。

2. 完成的前、后袋身正面相对，缝合侧边。此为表袋。

3. 里布同法缝好褶角及袋侧边，但袋底要留约8cm不缝，作为返口。

4. 完成的表袋和里袋，将表袋翻回正面。

5. 将表袋套入里袋。

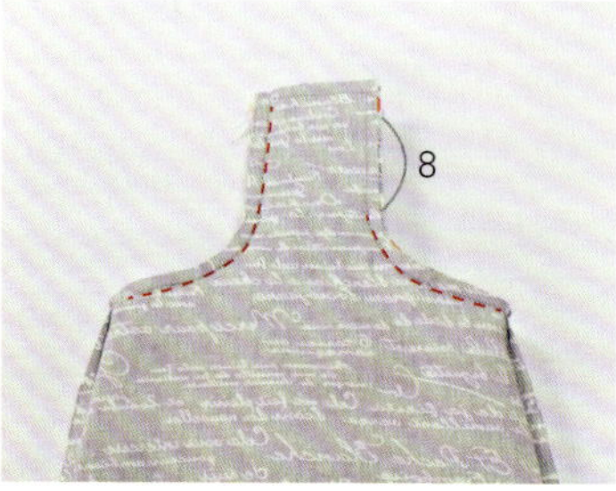

6. 合对好袋身，缝合袋口连提手，一侧整个弧形连直线缝合，另一侧直线处留约8cm不缝。

7. 注意此时尚未接上提手。

8. 将两侧缝份的单胶棉修剪掉，再把转弯处的缝份剪牙口。

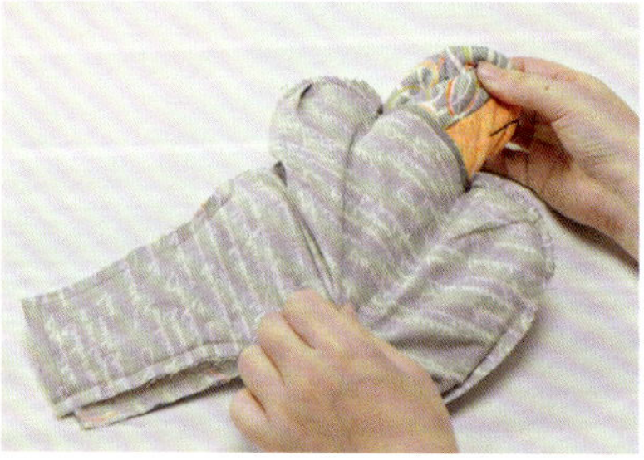

9. 由返口翻回正面，缝合返口。

10. 将里袋塞回表袋内。

How To Do

11. 将提手处的表、里布摊开，正面相对缝合。

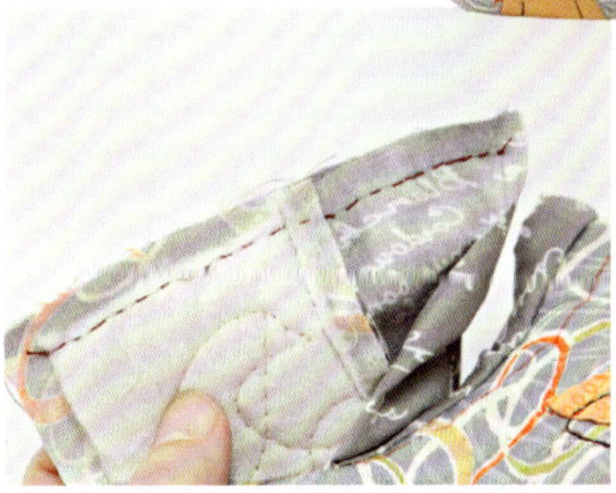

12. 小心修剪掉缝份的单胶棉。

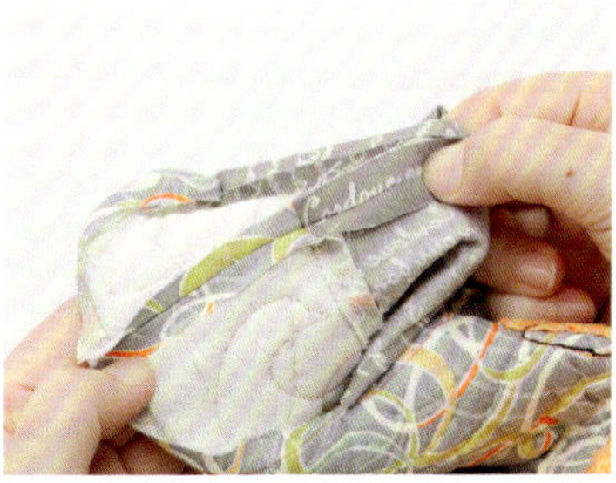

13. 将缝份摊开。

14. 表、里布缝份处的毛边折入。

15. 合对后缝合。

16. 袋口连提手的边缘压缝一圈。

17. 完成大黄猫提袋。

▲ 背面

Lovely Style

跋 作者的话

大家都知道“拼布”是一个既富艺术又有实用性的手艺。学习拼布的人很多，其中乐趣也只有投入后才能体会。作为一位拼布材料包设计师，为了让更多人能容易入门，设计的方向也都以简单实用为主，在每个制作流程上，都考虑到容易理解且方便制作的步骤，希望让更多人爱做我们的拼布小包！

虽然实用小物的袋形变化并不多，但若加上布料及配件的改变，以及用心去制作，每件都可以成为赏心悦目的小品。请跟着本书的指引，从最基本的技法开始学习，使用最简便的工具，耐心细缝，看似复杂的作品也能轻易完成。手作完成的拼布小物，一直都是经济实惠的礼物喔！

作品结集出版已进入第四本（已出版手缝书《一缝就成的拼布小物》、《一缝就成的拼布小物2》，机缝书《一缝就成的机缝拼布包》），感谢读者持续的支持与鼓励，让我还有动力在继续创作的同时不断开发新作品。加油！我也等着您把这20款作品秀出来！

徐犇祯

著作权合同登记号：图字16—2014—195

图书在版编目（CIP）数据

一缝就成的拼布小物. 3 / 徐镩祯著. —郑州：河南科学技术出版社, 2015.2
ISBN 978-7-5349-7532-5

Ⅰ. ①一… Ⅱ. ①徐… Ⅲ. ①布料-手工艺品-制作 Ⅳ. ①TS973.5

中国版本图书馆CIP数据核字（2014）第296783号

出版发行：河南科学技术出版社
地址：郑州市经五路66号　　邮编：450002
电话：（0371）65737028　　65788613
网址：www.hnstp.cn
策划编辑：刘　欣
责任编辑：梁莹莹
责任校对：柯　姣
封面设计：张　伟
责任印制：张艳芳
印　　刷：北京盛通印刷股份有限公司
经　　销：全国新华书店
幅面尺寸：190 mm × 260 mm　　印张：5　　字数：130千字
版　　次：2015年2月第1版　　2015年2月第1次印刷
定　　价：28.00元

如发现印、装质量问题，影响阅读，请与出版社联系并调换。